ミサイルはなぜ当たるのか
～誘導兵器のテクノロジー～

多田将

イカロス出版

ミサイルはなぜ当たるのか
誘導兵器のテクノロジー

多田 将

イカロス出版

目次

はじめに ……… 004

第1章 誘導兵器の基礎知識 ……… 007
1.1 誘導の原理、1.2 代表的な中間誘導
1.3 ミサイルの構造、1.4 ミサイルのエンジン

第2章 空対空ミサイル ……… 025
誘導方式 2.1 レーダー誘導、2.2 赤外線誘導
技術 2.3 比例航法、2.4 姿勢制御、2.5 ロックオン
発展史 2.6 空対空ミサイル

第3章 地対空／艦対空ミサイル ……… 049
誘導方式 3.1 無線指令誘導
3.2 指令誘導＋終末誘導(レーダー誘導／TVM誘導)
技術 3.3 対空ミサイルの弾頭、3.4 対空ミサイルの信管
発展史 3.5 地対空ミサイル、3.6 携行式地対空ミサイル
3.7 艦対空ミサイル、3.8 弾道弾防御システム

第4章 対艦ミサイル ……… 085
誘導方式 4.1「見えない目標」に至る中間誘導 **技術** 4.2 弾頭と信管
発展史 4.3 空対艦ミサイル、4.4 艦対艦ミサイル、4.5 地対艦ミサイル

第5章 誘導爆弾と空対地ミサイル ……… 105
誘導方式 5.1 レーザー誘導、5.2 画像誘導 **技術** 5.3 弾頭
発展史 5.4 空対地ミサイル、5.5 誘導爆弾

第6章 対電波放射源ミサイル ……… 145
誘導方式 6.1 パッシヴ・レーダー・ホーミング
発展史 6.2 対電波放射源ミサイル

第7章 対地巡航ミサイル ……… 153
誘導方式 7.1 地形等高線照合、7.2 ディジタル風景照合エリア相関
7.3 データリンク
発展史 7.4 空中発射式巡航ミサイル
7.5 艦艇発射式巡航ミサイル、7.6 地上発射式巡航ミサイル

第8章 対戦車ミサイル ……… 175
誘導方式 8.1 有線指令誘導、8.2 その他の誘導方式
技術 8.3 弾頭 **発展史** 8.4 対戦車ミサイル

ミサイル一覧表 ……… 202

空対地兵装 搭載機対応表 ……… 218

あとがき ……… 223

主な誘導兵器

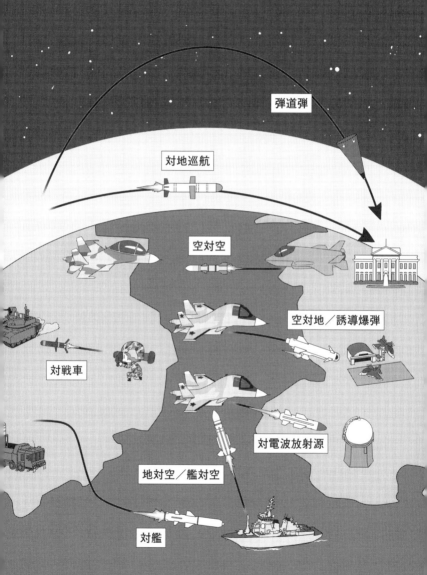

本書では弾道弾は記述していない。
弾道弾は「弾道弾」(明幸堂)、「ソヴィエト連邦の超兵器 戦略兵器編」(ホビージャパン)にて詳述している。

はじめに

著者が大学の学部生だった1991年、湾岸戦争が勃発した。これは冷戦終結直後に起こった戦争で、アメリカ合衆国がその冷戦期を通じて、ソヴィエト連邦を倒すために整備した圧倒的な戦力を、総決算と言わんばかりにイラク軍に叩きつけ、歴史に残る圧勝をおさめた戦争だった。この戦争においては、たった100時間で当時世界第4位の軍備を誇ったイラク軍を粉砕した地上戦もさることながら、それに先駆けて行われた巡航ミサイルによる攻撃と航空機による空襲も圧巻だった。その様子はCNNなどでリアルタイムに24時間実況放送され、当時まだテレビを持っていた著者は、その放送をテレビに齧りついて観ていたものだ。

日本では、「ハイテク兵器によるピンポイント爆撃」なる用語が登場し、戦争の形態がこれまでとは一変したかのように喧伝された。しかしその実態は、いわゆる「ハイテク兵器」の使用率も、爆撃の精密さも、そしてその爆撃による戦果も、報道されたほどではなかったことが、のちに明らかにされた。それでもなお、こういった兵器が大規模に使われ始めた、いわば「近代的な戦争の幕開け」として、歴史に残るものであったことは確かだ。

その「ハイテク兵器」とは、何を指していたのか。

高度なテクノロジーに支えられた兵器は数あれど、この文脈でメディア各社が言及した「ハイテク兵器」とは、ミサイルをはじめとした誘導兵器のことを指していたのだ。

先にも述べたように、湾岸戦争で使われたすべての空対地兵器のうち、誘導兵器はわずか8％で、誘導爆弾の命中率も5割程度と、「ピンポイント」と言うにはお寒い状態だった。しかしその12年後のイラク戦争では、使われた空対地兵器のうち、誘導兵器は68％にも及んだ。そしてイラク戦争から20年、誘導兵器はいまや、その運用が前提でなければ作戦が成り立たないほどに、戦場で欠かせない兵器としての地位を確立するにいたった。

2018年4月14日、合衆国海軍と空軍は、化学兵器開発の疑いから、シリア首都ダマスカスの近郊に置かれたバルゼ研究開発センターを巡航ミサイルで攻撃した。画像はその前後のもの（googleマップより）

　ここに掲げた恐るべき画像をご覧いただきたい。これは2018年4月14日、合衆国海軍と空軍によって攻撃されたシリアのバルゼ研究開発センターの、攻撃前後の状況である。同研究センターは、化学兵器開発への関与が疑われていた。この攻撃に使われたのは、RGM-109艦艇発射式巡航ミサイル57発と、AGM-158空中発射式巡航ミサイル19発、合計76発の巡航ミサイルであった。なにが恐るべきかというと、バルゼ研究開発センターは跡形もなく破壊されているのに、隣接する建物は、まっ

はじめに

たくそのまま残っていることだ。76発ものミサイルを撃ち込んで、まわりにまったく被害が出ていないということは、そのすべてが、寸分違わぬ精度で、目標の施設だけに、正確に命中したことを示している。まさに、誘導兵器というものの恐ろしさを、何よりも如実にあらわしている。

いまや、空襲やミサイル攻撃には、このバルゼ研究開発センターへの攻撃のように、「目標だけを破壊して、その周辺には被害を及ぼさない」ことが、当然のこととして求められている。これは倫理的な要請ではあるが、それを可能としたのは、紛れもなく誘導技術の進歩によるものなのだ。

では、誘導兵器は、どのようにして精密攻撃を可能とするのか。

それを解き明かす「端緒」とすべく、著者は本書を執筆した。目標への精密な誘導方法を中心として、きわめて広範囲に運用される誘導兵器のメカニズムを、その一端だけでも知っていただければなによりである。

本書はもともと、著者自身の憶え書きとして、ソヴィエト連邦／ロシア連邦の誘導兵器の一覧を作成していたときに、「もしや、これに説明文をつければ、本になるのでは？」と思い立ち、『誘導兵器ハンドブック』のタイトルで同人誌として出版したものだった。それは誘導兵器のカタログのようなもので、「○○ミサイル一覧」という諸元表こそが「本体」だった。その同人版で「おまけ」扱いだった「誘導の原理」の部分に焦点を移し、商業本として加筆・修正を行った。

一般にニッチなジャンルであるミリタリー趣味のなかでも、戦車や戦闘機、艦艇といったものはそれなりに人気があるが、ミサイルとなると愛好者の少ない「ニッチのなかのニッチ」なジャンルだ。もしかして、興味があるのは著者くらいかもしれない。しかし、戦闘機などの人気者が、実際に敵を倒すために用いるのは、他ならぬミサイルなのだ。本書を通じて、読者諸兄がミサイルのことに思いを巡らせるきっかけとなってくれるなら、著者として幸いである。

第1章
誘導兵器の基礎知識

"誘導された"飛翔体

「ミサイル」という言葉は日本人に広く普及しているが、これは必ずしも世界共通の言葉ではない。世界で初めてミサイルを実用化したドイツでは「Rakete(ラケーテ)」、米国と並ぶミサイル先進国であるロシアでは「Ракета(ラケータ)」と呼ぶ。どちらも「ロケット」にあたる言葉だ。

英語にしても「missile(ミサイル)」と言えば単に飛翔体のことを指すのであって、我々が一般に「ミサイル」と呼んでいるものは、正式には「guided missile(誘導ミサイル)」と呼ぶ。そして、我が国でも「誘導弾」の訳語が使われている。

そう、「guided」——この「誘導」という点が、「ミサイル」を単なる飛翔体と区別しているのだ。

本書で解説する「ミサイル」とは、「guided missile」つまり「誘導機能を備えた飛翔体」を指すものと考えていただきたい。また、これ以外に、動力を持たないが誘導可能な兵器(具体的には誘導爆弾)も含め、「誘導兵器」全般を取り上げていく。

1.1 誘導の原理

■目的地に向かうとき、あなたはどうする?

最初に、誘導の原理について考えてみよう。たとえば、あなたが見知らぬ土地を訪ねることを想像してほしい。目的地の最寄り駅に到着し、地図を見て、目的地までどうやって行けばよいかを考える。このとき、地図で確認すべきことは3つある。

A. 自分はいまどこにいるのか。
B. 目的地はどこにあるのか。
C. どの道を通れば、目的地に辿り着くのか。

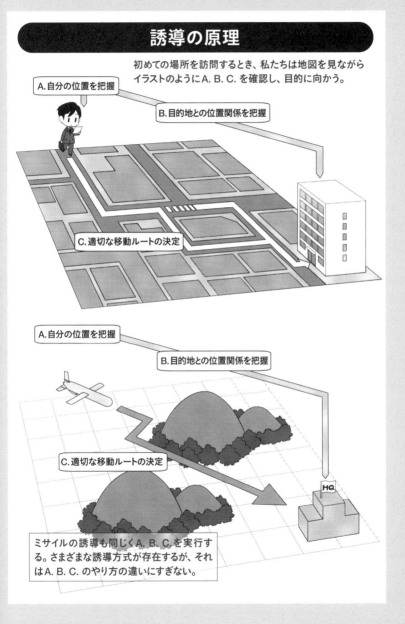

ミサイルの誘導も原理的にはこれと同じものだ。自分の現在位置を把握し［A.］、目標と自分との位置関係を求め［B.］、そこまでの移動ルートを決定［C.］する。本書では、さまざまな誘導方式を紹介するが、それらは「A. B. C.をどのように行っているのか」の違いに他ならない。たとえ目標が移動している場合でも、B.がつねに変化していると考え、その変化に応じてA. B. C.の手順を繰り返しているだけなのだ。本書では、誘導方式の解説について、この3点を頭に入れて話を進めていくことにしよう。

　なお、C.について、外部からの要素（レーダー波やGPS信号、指揮処からの指令など）に頼らず、ミサイル自身が判断している場合には、「誘導」というよりも「航法」というべきだろう（詳しくは1.2節の慣性航法の解説を参照）。誘導と航法は不可分なものであり、本書では併せて解説していく。

　また、地図を見て目的地に向かうとき、出発時だけ地図を確認して、一発で目的地まで向かおうとする人がいる一方で、途中でたびたび地図を確認する人もいる。ミサイルにも、この両者が存在する。古典的な弾道弾などは「最初の一発勝負」方式だが、近代的なミサイルは「途中で再確認」方式を用いている。自分の位置を都度確認し、もしルートから外れていたら、その差を縮めるべく、なんらかの方法で姿勢を変えて軌道を修正する。これを繰り返すことで「一発勝負」方式より、ずっと高精度で目標に到達することができるのだ。

■**中間誘導と終末誘導**
　目的地へ向かうときに、そこから遠く離れている段階では、スマフォでグーグル・マップやGPSを使って向かうのが良いかもしれないが、目的地に近づいて、建物が間近に迫ってきたなら、スマフォの画面から目を離し、建物の看板や表札を探したほうがより確実だ。これは「誘導方式を変える」ことを意味する。

　ミサイルも同様で、「看板が見えない」ほど遠い場所と「看板が見える」くらい目標に近い場所とでは、誘導方式を切り替えたほうが着弾の精度が向上する場合がある。このとき、前者を「中間誘導 (intermediate guidance)」、後者を「終末誘導 (terminal guidance)」と言う。

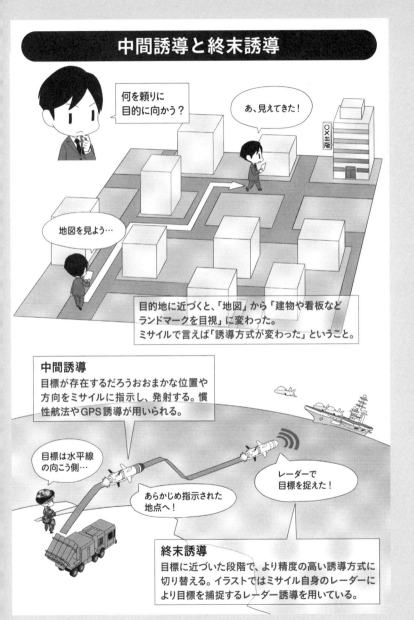

1.2 代表的な中間誘導

[1] 慣性航法
■ミサイル自身が「進んだ方向と距離」を測定

それぞれのミサイルが用いる誘導方式は第2章以降で説明していくが、第1章では多くのミサイルに共通して利用される「**慣性航法 (Inertial Navigation)**」について説明しておく。第2章以降で説明する誘導方式は基本的に終末誘導(目標に命中する直前での誘導)で使われるもので、目標に近づくまでの中間誘導には慣性航法を用いているものが多い。つまり、慣性航法はミサイルの誘導方式(航法)の基本とも言えるものだ。

また、慣性航法は「慣性誘導」と言われることもあるが、実のところ「誘導」とは言えない。外部からの指示・指令を受けず、地図を確認することもなく、自己完結的に経路を進むからだ。では、どのようにして目標へのルートを判断するのだろうか。

筆者が子供のころは、冒険物のフィクション作品が数多くあり、そのなかでは「宝探し」をする話がよく描かれていた。それは、ある目印の地点から「〇〇の方角に何歩、そこから△△の方角に何歩…」といった指示に従い、宝の在処に辿り着くというものだが、慣性航法はこれに近い。

スタート地点から目的地までのルートを確認[原理C.]したら「どの方角にどれだけ進み、次にどの方角に向きを変え、それからどれだけ進んで…」ということを計算できるので、その通りに移動すれば、理論上は目的地まで辿り着くことが可能だ。これを成り立たせるためには、ミサイル自身が「自分は何歩進んだのか」と「どの方角を向いているのか」を、つねに把握しておく必要がある。ミサイルは、加速度計とジャイロによってこれを実現している。

■加速度計とジャイロ

加速度計は「何歩進んだのか」を把握するためのものだ。ミサイルが受ける慣性力を計測することで、それを加速度に変換する(慣性力を基準とするので「慣性」航法と呼ばれる)。加速度は「速度の変化率」、つまり速度の微分(変化率)であるから、逆に加速度を積分(各時間ごとの変化量を足しあわせていく)すれ

軸）分を取り付けるが、取り付けるにも工夫が必要だ。ミサイルはつねに姿勢を変化させているので、そのまま固定すると計測器の向きが変わってしまう。そこで、これらの計測器をジンバル（gimbal）という、ある軸を中心に回転する台に設置している。動画撮影カメラなどの手振れ補正に使用されている、あのジンバルだ。ところが、加速度計とジャイロをそれぞれ3軸分載せた4軸のジンバル（2つの軸が重なってしまったときの予防措置として4軸としている）となると、かなりの大きさとなってしまう。そのため、以前は大陸間弾道弾のような巨大なミサイルのみにしか搭載することができなかった。

現在では、大きな場所を必要としないストラップダウン（strapdown）方式が主流となり、戦闘機に搭載する空対空ミサイルなど、小型のミサイルでも用いられるようになった。これはジンバルなど使わずミサイル本体にガッチリ固定する方式だ。姿勢の変化については、ジャイロで計測して、その変化分を計算機上で補正する。このような方式が可能となったのは、小型で高性能の計算機（コンピューター）が実用化されたためだ。

このように加速度計とジャイロ、計算機などを何らかの台（ジンバルでも、そうでなくとも）に載せ、ひとまとめにしたものを「慣性計測ユニット（Inertial Measurement Unit、IMU）」と呼ぶ。

[2] 衛星航法
■3次元的な空間位置＋時間──4次元の座標を計測

もうひとつ、あらゆるミサイルに活用できる技術が、衛星を使った測位システムだ。これを利用した航法を「**衛星航法**」と呼ぶ。代表的なものが米国の「GPS（Global Positioning System、全地球測位システム）」であり、ロシアでは「GLONASS（ГЛОНАСС：ГЛОбальная НАвигационная Спутниковая Система、全地球航法衛星システム）」が運用されている。また近年は、欧州や中国、日本も独自の衛星測位システムを開発している。

どれも原理は同じで、全地球上をカヴァーする複数の人工衛星が、つねに時刻と自分の位置の情報を発信しており、それを受信して解析することで受信者の位置を計測するものである。受信した信号の時刻（衛星が発信した時刻）と、受信した時刻の差から、衛星との距離が計算できる。4つの衛星からの情報に

基づき3次元的な空間位置と時間、併せて4次元分の座標を計算する。そのため、地球上のどの場所からもつねに4つの衛星が見えるように、少なくとも24基の航法衛星を飛ばしておく必要がある。GLONASSでは24基、GPSでは30基、航法衛星が稼働するよう運用されている。

米国のGPSは1973年から計画が開始され、本格的に運用開始となったのが1993年である。また、ソ連邦製のGLONASSは1976年から計画を開始し、1996年に24基目の衛星が運用を開始したが、90年代の国力衰退期を経て活動が低調となり、ようやく2011年に全世界で利用可能となった。

現在、衛星測位システムを活用すると、メーター単位で自分の位置を確定することが可能であり、これを組み込んだミサイルの着弾精度もメーター単位の精度まで高められるようになっている。

1.3 ミサイルの構造

■誘導装置・弾頭・エンジン

ミサイルの構造を知ってもらうため、一例として1980年に制式採用されたソ連邦／ロシア製の空対地ミサイル「X-29 (Kh-29T)」の断面図を掲載する。

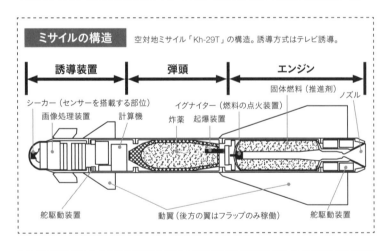

ミサイルの構造　空対地ミサイル「Kh-29T」の構造。誘導方式はテレビ誘導。

ミサイルの先端には、自分の位置や目標の位置を確認するためのセンサーが設置されている。ミサイルでは、このセンサー部分を「シーカー（seeker）」と呼ぶ。「捜索する（seek）者」という意味だ。どんな生き物でも「目」はもっとも視野が広くとれる位置にあり、それは機械も同様である。Kh-29Tは「テレビ誘導」（第5章）であり、カメラがここに置かれて、目標と自分との位置関係（目標の方向と自分の進行方向とのずれ）［原理B.］を確認する。

　そして、センサーの後方に置かれた計算機（コンピューター）で、センサーからの情報をもとに、どのように姿勢を変えれば目標に向かうための正しいルートに乗るか［原理C.］を計算し、姿勢を変える機構へと指示を出す。Kh-29Tの場合、空力舵（動翼）で姿勢を変えるため、指示を受けるのは前後の舵駆動装置である。計算に従って空力舵を動かし、姿勢を変えて針路調整を行う。

　以上がミサイルの誘導に関する部分の基本的な構造である。なお、外部から針路の指示を受ける「指令誘導」（第3章）では、母機からの指令信号を受信しやすいように、尾部（つまり母機側）に受信アンテナがつくこともある。

　センサーや計算機の後方には、弾頭が置かれている。センサーを先端に置く必要があるため、弾"頭"は、その名に反して、意外に後ろのほうにある。弾頭には起爆装置がついており、あらかじめ決まった手順で起爆する。それは、着弾時の衝撃であったり、飛行高度であったり、目標への近接であったり、さまざまだ。また、弾頭には通常の爆薬以外に、戦車などの装甲を貫くための特殊な弾頭（第8章）や、NBC弾頭（核・生物・化学弾頭）も存在する［※2］。そして、ミサイルのもっとも後方にエンジンとそのノズルがある。Kh-29Tの場合は固体推進ロケット（固体ロケットモーター）を使用する（固体推進ロケットについては後述）。

■**各部の占める比率はミサイルによって異なる**

　このKh-29Tの構造を見ると、誘導装置（シーカー／計算機）、弾頭、エンジン（ロケットモーター）が、ちょうど1/3ずつになっているが、この割合はミサイルによって異なる。巨大で射程も長い弾道弾では、遠くに飛ばすためのエンジン（と燃料）部分が全体の8〜9割を占め、一方で推進力を持たない誘導爆弾であれば、エンジンが無いぶんだけ弾頭を大きくできる。また、同系統の

※2：核弾頭の構造については拙著『核兵器』（明幸堂）を、化学弾頭については同『兵器の科学2　化学兵器』（明幸堂）を、それぞれご覧いただきたい。

ミサイルでも、射程を延長させたいときには弾頭を小さくして燃料を増やしたり、誘導装置の小型化により弾頭や燃料部分を大きくできたりなど、割合が変化することがある。

いずれにせよ、ミサイルの基本的な構造はこのようなものだと頭に入れておいていただきたい。

1.4 ミサイルのエンジン

■用途・役割に応じて異なるエンジン

本節では、ミサイルに使われるエンジンについて、簡単に見ていく。エンジンの役割は「燃料を燃焼(化学反応)させることで発生するエネルギーを、推進力へと変換する」ことだ。この反応を起こすには、燃料の反応相手となる酸化剤が必要となる。一般的に「エンジン」と聞いて連想する車輌や航空機のエンジンは、この酸化剤に空気中の酸素を使い、そのために空気を取り入れることで稼働する。

一方で、いわゆるロケットエンジンは、あらかじめ酸化剤を積んでおいて、燃料と混合して燃焼させるため、空気を取り入れる必要はない。空気のない大気圏外まで飛行する弾道弾は、ロケットエンジンである必要があるが、大気圏内を飛行するミサイルであれば、どちらでも構わない。

ただし、燃料の特徴が大きく異なるため、ミサイルの用途にあわせて選ぶ必要がある。一般にロケットエンジンは燃焼時間が短く、短時間で一気に加速したい場合に適しており、逆に長時間にわたって稼働させたい場合は、ガスタービン・エンジンのように航空機などと同じエンジンを使う。

[1] ロケットエンジン
■固体推進ロケット(固体ロケットモーター)

長時間飛行する巡航ミサイルを除き、現在のほとんどのミサイルのエンジンは、固体推進ロケットを用いる。燃料と酸化剤をバインダーと呼ばれる接着剤(これ自体も燃料として働く)で固めたものを燃焼させるだけの単純な構造であり、後述する液体推進ロケットのような複雑な構造(タービンのような可動部品、

配管・バルブ等の繊細な部品）を必要としない。そのため、他のエンジンに比べて取り扱いが容易であり、こうした利点のため主流となった。また、水中でも稼働するため、水中発射式ミサイルを水中で点火させることも可能だ。これ以外のエンジンを水中発射式ミサイルに使用すると、何らかのかたちで空中に打ち上げてから点火する必要がある。

ロケットエンジン

積み込んだ酸化剤と燃料を混合して燃焼させる。空気（酸素）を取り込む必要がなく、大気圏内／圏外の両方で使用可能。一方で燃焼時間が短く、長距離を飛行するミサイルには不向き。

固体推進ロケット

燃料と酸化剤を混合して固形状にしたものを燃焼させる。構造が単純なため取扱いが容易。巡航ミサイルをのぞき、現在のほとんどのミサイルで使用されているエンジン。

液体推進ロケット

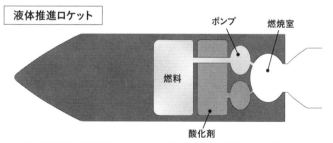

液体の燃料と酸化剤を別々のタンクに充填し、燃焼室で混合する。初期のミサイルで多用されたが、構造が複雑なため現在では少なくなっている。

反面、エネルギー効率では液体推進ロケットに劣るうえに、どのエンジンよりも短時間で燃え尽きてしまう。もっとも巨大な大陸間弾道弾のロケットモーター（何十トンもある）でも、一段あたり1分ほどで燃え尽きる。そのために、短時間で一気に最高速度まで加速するには向いているが、長時間エンジンを稼働させる巡航ミサイルには向いておらず、燃費という点で言えば最悪だ。

固体推進ロケットの加速の凄まじさを象徴する例として、ロシアの弾道弾迎撃ミサイル「53T6」[※3]を挙げる。マッハ20近い極超音速で落下してくる弾道弾を迎撃するため、発射からわずか4秒で、最高速度マッハ17（！）に達し、最高迎撃高度30kmまで6秒で上昇する。

また、いったん点火すると燃え尽きるまで制御ができない（途中で停止／再点火ができない）という特徴もある。停止するだけなら方法はあるが、それはロケットモーターを爆薬で吹き飛ばすという力業で、もちろん再点火は不可能だ。

■ 液体推進ロケット

燃料も酸化剤も液体のものを使用し、それぞれ別のタンクに充填し、燃焼室で混合して点火するもの。この構造のため、タンクから燃焼室へ燃料／酸化剤を送り出すポンプ（通常はターボポンプが使われる［※4]）、配管、バルブなどを必要とし、固体ロケットモーターよりはるかに複雑な構造となる。そのため、衝撃などに弱く、取り扱いに注意を要する。

一方で、燃料の供給量を調整でき、エンジンの停止／再点火も可能で、エンジンの噴射を自在に操ることができる。そのため、姿勢制御用のスラスターに最適だ。また、エネルギー効率も固体ロケットモーターよりは優れている。液体推進ロケットは初期のミサイルに多用されたが、固体推進ロケットの性能が上がるにつれて、使われることは少なくなっている（少ないが、今も現役のミサイルはある）。

[2] 空気を利用するエンジン

■ ラムジェット・エンジン

固体／液体推進ロケットエンジンとも酸化剤をあらかじめ搭載したものだったが、ここからは酸化剤として空気（のなかの酸素）を利用するエンジンを紹介

※3:弾道弾迎撃ミサイル「53T6」は、アメリカの大陸間弾道弾からモスクワを防衛するために作られた「A-135対弾道弾迎撃システム」で用いられる迎撃ミサイル。第3章で解説。

※4:ターボポンプは、タービン（羽根車）の回転により燃料などの流体を送り出す。精密な部品であり、衝撃に弱い。

空気を利用するエンジン

外部から空気(酸素)を取り込んで酸化剤とする。いわゆる「ジェットエンジン」。戦闘機などにも使用されている。長時間の巡航が可能。

ラムジェット・エンジン

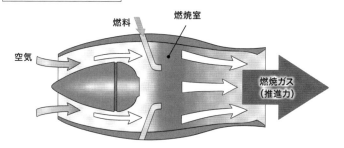

超音速飛行により流入する空気に燃料を噴き付けて点火、燃焼ガスを後方に噴出する。とても単純な構造だが、音速以下では著しく効率が悪い。超音速・長射程の巡航ミサイルに使用される。また、マッハ5以上に対応したものが「スクラムジェット・エンジン」。

ガスタービン・エンジン

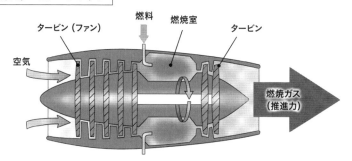

タービンを利用して積極的に空気を圧縮し、取り込む。戦闘機など現代の航空機に幅広く使用されており、ミサイルとしては亜音速の巡航ミサイルに使用される。イラストは「ターボジェット・エンジン」。

ジェットエンジンについて詳しくは『ソヴィエト超兵器のテクノロジー 航空機・防空兵器編』(イカロス出版)をご覧いただきたい。

する。この方式は搭載するのは燃料だけで済むため、ミサイルの軽量化、燃料の増量（長射程化）、もしくは弾頭の大型化などが可能となる。大気圏内の飛行だけなら、周囲に空気が豊富にあるわけだから、これを使わない手はないだろう。

　では、どのようにして外部から空気を取り入れるのかを考えてみる。そもそもミサイルも航空機も、大気中を高速で飛び回っているので、前方に空気取入口を設けておけば、空気は勝手に入ってきてくれる。これに燃料を噴きつけて点火し、燃焼ガスを後方に噴き出せば、ジェットエンジンのできあがりだ。とても簡単な構造と言えるだろう。

　とはいえ、日常生活でほとんど気にならないほど空気の密度は薄く、酸化剤として使うにも、そのままでは大きなエネルギーは得られない。しかし、さいわいミサイルは高速のため、空気が次から次へとエンジンに流入し、「押すなよ、押すなよ」という感じに押し込められて圧力が加わり、密度が上昇する（この圧力を「動圧（ram pressure）」と呼ぶ）。この状態で燃料を噴きつけて燃焼させることで、大きなエネルギーを得ることができる。こうした構造のエンジンは「ラムジェット・エンジン（ramjet engine）」と呼ばれる。

■**スクラムジェット・エンジン**
　エンジン内に流入する空気の状態は、ミサイルの対気速度がマッハ5程度までのときは、燃焼室まで来た空気が圧縮によって亜音速にまで減速されるが、対気速度がマッハ5あたりを超えると状況が変わる。この速度域で流入する空気を亜音速まで減速させると、圧縮のし過ぎで空気の温度が過剰に上がってしまい、燃焼ガスの分子が解離（分子が原子に分解）して、そのぶんエネルギー損失が生じる。本来は分子の持つエネルギーを、すべて運動エネルギーとして推進力に使いたいのだが、解離のためにその一部が失われてしまう。

　それを避けるため、マッハ5以上で飛行する場合は亜音速まで減速せず、（減速はするものの）超音速のまま燃料を噴き付けて燃焼させる方法を用いる。このようなエンジンをラムジェット・エンジンのなかでもとくに「超音速燃焼式ラムジェット（Supersonic Combustion ramjet）」、略して「スクラムジェット（SCramjet）」と呼ぶ。2020年代以降に各国で実用化が進められている極

■ミサイルに使用されるエンジン

	酸化剤	大気圏外の飛翔	燃焼時間	主な使用
ガスタービン・エンジン	大気中の酸素	不可	長い	巡航ミサイル
ラムジェット・エンジン	高速飛翔により流入・圧縮された空気を利用する。マッハ3以上の超音速ミサイルに用いる。			
スクラムジェット・エンジン	マッハ5以上の極超音速ミサイルに用いる。			
ガスタービン・エンジン	ターボジェット・エンジンやターボファン・エンジンなど、航空機にも用いられるエンジン。亜音速巡航ミサイルの主流。			

	酸化剤	大気圏外の飛翔	燃焼時間	主な使用
ロケットエンジン	酸化剤を搭載	可能	短い	ほとんどのミサイル
固体推進ロケット	現在の主流。構造が単純。エネルギー効率は液体推進に劣り、燃焼時間が特に短い			
液体推進ロケット	構造が複雑で取扱いが難しい。燃料量の調整や停止／再点火が可能で、高速を発揮しやすい。			

超音速巡航ミサイル[※5]のエンジンとして注目されている。

なお、通常のラムジェットと、スクラムジェットとでは、空気取入口から燃焼室までの空気が通る経路のかたちが異なる。

■ロケットエンジンで加速する

ラムジェットは原理も構造も簡単なのだが、ひとつ、致命的な欠点がある。前述した原理を読めばわかるように、「高速飛行時に大量の空気が勝手に入ってくる」のが前提であって、低速時や発射時には空気の量がまったく足りない。一般にラムジェットが効率よく働くのは対気速度マッハ3以上であり、ミサイルで用いる場合には別のエンジン——たとえば、固体推進ロケットと組み合わせて使用される。まず、固体推進ロケットで超音速まで加速しておいて、固体燃料が燃え尽きた段階でラムジェットに切り替える、といった具合だ。

ラムジェットは、超音速・長射程の巡航ミサイルなどに、固体推進ロケットと組み合わせて使われるが、近年では長射程化を狙った空対空ミサイルにも使われるようになってきている。

※5:極超音速巡航ミサイルとはマッハ5を超える速度で巡航するミサイルで、ロシアの対艦巡航ミサイル「3M22ツィルコン」などがある。

■ガスタービン・エンジン

では、初速ゼロの発射時には大気を利用したジェットエンジンが使えないのかと言うと、そういうわけでもない。速度が遅くて「空気が勝手に圧縮される」ことが期待できないのであれば、積極的に空気を圧縮する機構を搭載すれば良い。

空気を圧縮する方法にはいろいろあるが、単位時間あたりにもっとも多くの気体を圧縮できるのが、タービン（羽根車）だ。このタービン式圧縮機は、あらゆる産業で利用されており、それらは電動機で回転させて稼働させるものが多い。一方で、エンジンに使われるタービンは異なる方法で回転させる。燃焼ガスの排気口側にもタービンを取り付け、ギアを介して吸気側のタービンに連結するものだ。始動時こそ外部からの動力を必要とするが、いったん動き出せば、燃焼ガスが排出される際に、排気口側のタービンを回転させ、それにより連結された吸気側のタービンが回転する。すると、吸気口から大量の空気が取り込まれ、圧縮され、燃焼室で燃料を噴きつけられて燃焼し……というサイクルができあがる。これを「ガスタービン (gas turbine)」エンジンと呼び、なかでも燃焼ガスの排気を推進力として使うミサイルや航空機のエンジンは「ターボジェット (turbojet)」と呼ばれる [※6]。

また、タービンによって取り入れられた空気を、すべて燃焼室に送らず、その一部をバイパスして単に後方に噴き出す構造のガスタービン・エンジンもある。つまり、タービンがプロペラ機のプロペラのように「空気を後方に掻き出す」役割も担っているわけだ。実は、こうしたほうが空気をすべて酸化剤として使うよりも燃費がよく、この方式を「ターボファン (turbofan)」と言い、現代の航空機や巡航ミサイルのエンジンの主流となっている。

なお、ロシア語では、ターボジェットもターボファンも、基本的には区別せず「турбореактивный（ターボ噴射式、ターボジェット）」と書かれることが多いので、注意が必要だ [※7]。

ターボジェット／ターボファン・エンジンは、いわゆる「燃費」が本節で紹介したエンジンのなかで最高なため、とても長い距離を亜音速で飛行する巡航ミサイルのエンジンとしては最適である。

※6: ガスタービン・エンジンのなかでもヘリコプターや戦車に用いるものは、「ターボシャフト・エンジン」と呼ばれ、排気ではなく、タービンの回転力を動力として用いる。

※7: 特に区別するときには、ターボジェットを「単流路ターボジェット（одноконтурный турбореактивный）」、ターボファンを「二重流路ターボジェット（двухконтурный турбореактивный）」と呼ぶ。

第2章
空対空ミサイル

■プラットフォームと目標
プラットフォーム：航空機（主に戦闘機）
目標：航空機、巡航ミサイル（近年はドローンを含む）

■誘導方式
●レーダー誘導（電波誘導）
セミアクティヴ・レーダー・ホーミング（SARH）
アクティヴ・レーダー・ホーミング（ARH）

●赤外線誘導
赤外線誘導（IRH）
赤外線画像誘導（IIRH）

第2章　空対空ミサイル

もっとも初期に登場した誘導兵器

空対空ミサイル（Air to Air Missile、AAM）は、戦闘機同士の闘いにおける主たる兵器だ。戦闘機が闘う、大空の戦場を思い浮かべてみよう。そこは地上と異なり、ほとんど何の遮蔽物も無く、はるか彼方まで見通せる空間だ。誘導するにも、誘導に従ってミサイルが飛び回るにも、理想的な戦場と言える。

このため、空対空ミサイルは、誘導兵器のなかでも、もっとも初期の段階で登場した。また、目標である航空機の高速化が進んだことも、ミサイル以前に用いられていた機関砲による戦闘の難易度を高め、ミサイルの導入を後押しした。

主翼下にR-27R中射程空対空ミサイル（セミアクティヴ・レーダー・ホーミング）と、R-73短射程空対空ミサイル（赤外線誘導）を懸吊したロシア軍のSu-30SM戦闘機
（写真／Ministry of Defence of the Russian Federation）

空対空ミサイルの誘導方式

2.1 レーダー誘導

■電波を用いた誘導

遮蔽物が無く、はるか遠くまで見通せるなら、もっとも有効な誘導方法は「電波」を使うことだ。電波は「もっとも遠くまで届き、もっとも広く汎用的に使われている情報伝達手段」だからだ。

電波とは電磁波の一種であり、ある波長域のものを指す。可視光も、赤外線も、紫外線も、マイクロ波も、X線も、γ線も、すべて電磁波であって、おもに波長の違いで分類されている（下の解説を参照）。そこで、電波の代わりに可視光を例にして、電波誘導の仕組みを考えてみよう。

まず、真っ暗な空間を想像してみる。この空間で仲間を目標に導きたい場合には、その目標を懐中電灯などの灯りで照らしてやる必要がある。仲間は、その灯りで目標を視認し、目標に向かう。つまり、仲間は「懐中電灯の光に照らされ、目標から反射してきた反射光を眼で受光して、その反射源に向かう」わけだ（目標との相対位置確認［原理B.］と、目標への移動ルート決定［原理C.］）。これを電波の話に戻すと、懐中電灯がレーダーであり、光で照らす行為がレーダー

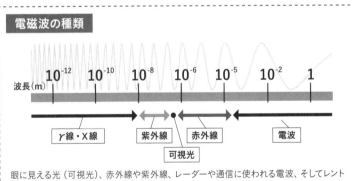

眼に見える光（可視光）、赤外線や紫外線、レーダーや通信に使われる電波、そしてレントゲン撮影に利用されているX線など、すべて「電磁波」であり、波長の違いで分類されている。

レーダー誘導のしくみ

レーダー誘導とは「電波で目標を指し示す」もの。電波を可視光に喩えると「暗闇で懐中電灯の光を照らし、目標からの反射光を眼で受けることで、目標を捉える」。

セミアクティヴ・レーダー・ホーミング（SARH）

ミサイル以外の誰かがレーダー波を照射し、ミサイルはその反射波を捉えて追う。空対空ミサイルの場合は発射母機（戦闘機）が、また地対空ミサイルの場合は地上の管制レーダーが照射する。

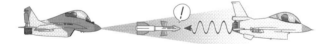

アクティヴ・レーダー・ホーミング（ARH）

ミサイル自身がレーダー波を照射する。

中間誘導 SARH ＋ 終末誘導 ARH

ミサイル搭載のレーダーは探知距離が短いため、中間誘導にSARHを使い、終末誘導でARHに切り替える。

照射に当たる。ミサイルは目標に当たって反射した、レーダーの反射波を受信して目標（反射源）に向かう、ということになる[※1]。

このとき、「誰が懐中電灯を持っているのか（誰がレーダー照射するのか）」によって、誘導方式が異なる。ミサイル以外の誰かが懐中電灯で照らしている場合を「**セミアクティヴ・レーダー・ホーミング（Semi-Active Radar Homing、SARH）**」、一方でミサイル自身が懐中電灯を持って照らしている場合を「**アクティヴ・レーダー・ホーミング（Active Radar Homing、ARH）**」と呼ぶ。

■**SARHからARHへ──レーダーの小型化による進化**

SARHの場合、懐中電灯を持つ役割はミサイルを発射した母機が担うことが多いが、その場合、ミサイルが命中するまで「懐中電灯を照射」し続けなければならず、母機は他のことができない。しかも、敵から発見されやすい状態に置かれることにもなる。何せ、明るい懐中電灯を、ずっと照らしているのだから。

そこでARHが登場する。ミサイルを発射するまではSARH同様に母機が懐中電灯を照らして目標の捜索と捕捉を行うが、ミサイルを発射した後は、母機は照射を止めて、目標への誘導はミサイル自身に任せてしまう。これにより母機はミサイル発射直後から、回避行動や、別の目標への攻撃に移ることができる。この方法は「Fire and Forget（撃ったら忘れろ）」、日本語では「撃ち放し」式と呼ばれる。

また、SARHでは1機の発射母機（戦闘機）が複数の目標と同時交戦するには、特殊なレーダーと火器管制システムが必要だったが、ARH式が空対空ミサイルの主流となった現代では、複数目標同時交戦能力は戦闘機の標準機能ともなっている。

ARHを可能としたのは、ミサイルにレーダーを搭載できる技術、つまり小型化の技術だ。ただし、小型なぶん、ミサイルに搭載するレーダーは航空機搭載のレーダーに比べて出力が低く（懐中電灯の灯りが弱い）、自らの「懐中電灯」で目標を照らすには対象に接近する必要がある。そこで、ARH方式の空対空ミサイルは、目標に接近するまで母機のレーダーが捉えた目標の位置情報に基づいて慣性航法で飛行し、充分に接近したのちに「懐中電灯をON」にして照らす（つまり、中間誘導に慣性航法を、終末誘導にARHを用いる）。

※1:空対空ミサイルを使用する空中は、地上と異なり自分の位置［原理A.］の目印となるものがないため、［原理B.］の相手との相対位置さえ把握できればいい。

第2章 空対空ミサイル

赤外線誘導のしくみ

あらゆる物体は電磁波を放射しており、その電磁波の種類（波長）は温度によって決まる[※a]。

非接触型体温計は人間から放射される赤外線を検知しているよ

電磁波の放射

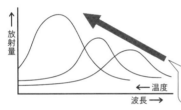

放射される電磁波の量（強度）は、温度が大きいほど増大する。つまり、温度が高いほど探知しやすい。

温度が高いほど、放射する電磁波の波長は短く、放射量は多くなる

赤外線誘導（IRH）

航空機やミサイルが放出する赤外線を捉えて追う。熱源を「点」として捉えるため、フレアなどで欺瞞される。

赤外線画像誘導（IIRH）

赤外線を「点」ではなく「点の集合（画像）」として捉え、画像のコントラストを記憶して追う。フレアによる欺瞞を受けにくい。

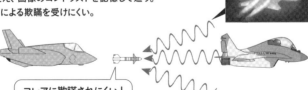

フレアに欺瞞されにくい！

※a：中段のグラフのように、広い領域にまたがる波長を放出し、それぞれ最大となる波長がある。太陽であれば500nmの波長（可視光）が、常温の物体は10μmの波長（遠赤外線）が、もっとも強い。

たとえば、米国の艦上戦闘機F-14の主兵装として名高い「AIM-54 フェニックス」長距離空対空ミサイルは、中間誘導をSARHで、終末誘導をARHに切り替える方式を採用している。一方で、それより数年遅れでソヴィエト連邦（以下、ソ連邦）が開発した「R-33」長射程空対空ミサイルは、AIM-54とよく似た外見ながら、母機であるMiG-31戦闘機が搭載するフェイズド・アレイ・レーダーの処理能力が高く、複数目標同時交戦が可能であったため、終末誘導までSARHを用いた（なお、MiG-31は世界で初めてフェイズド・アレイ・レーダーを搭載した戦闘機である）。さらに、R-33の改良型である「R-37」では、中間誘導として慣性航法に無線指令誘導（第3章で解説）による補正を加えた方式を用い、終末誘導はARHとSARHが切り替え可能となっている。

2.2　赤外線誘導

■あらゆる物体は電磁波を放射している

SARHにせよ、ARHにせよ、こちらから能動的に電磁波（電波）を発信して、その反射波を受信する方式だが、「赤外線誘導」は受動的に電磁波（赤外線）を受光する方式だ。

2019年末から広がった新型コロナ禍のさなか、商業施設などに入る際に体温の測定を求められたことは記憶に新しい。測定装置に顔や手をかざすと、体温が測定される。いわゆる非接触型体温計だが、接触せずにどうやって体温を測っているのだろうか。これは、人間の身体から常時放出されている「赤外線」を検知しているのだ。

人間に限らず、世の中のありとあらゆる物体は、電磁波を放射している。その電磁波の波長と量は、温度で決まっている。「波長が温度で決まる」と言っても、単一の波長ではなく、広い波長領域に広がった（つまり、いろいろな波長の）電磁波が放射されるのだが、温度に応じてもっとも多く放射される波長（放射が最大となる波長）がある。この波長は温度に反比例する（温度が高いほど短い波長の電磁波が、低いほど長い波長の電磁波が放射される）。たとえば、常温の物体なら10μmの波長（遠赤外線）、ロケットの噴射ガスなら1μmの波長（近赤外線）の放射が最大となる。

以上のことから、航空機やミサイルが放出する電磁波の波長は、赤外線領域のものが最大となることがわかる。つまり、航空機やミサイルを追いかけるなら赤外線を探知すればよいわけだ。また、放射される電磁波の全エネルギーは、温度の4乗に比例する。ようするに「温度が高いほど、放射量が多く、探知がしやすい」ということで、エンジンからの高温の排気が見えるなら、赤外線によって容易に探知されることを意味する。

　まとめると「あらゆる物体が電磁波を放射しており、軍事目標となる物体の主な波長領域が赤外線領域となる。そのため赤外線を受光しながら追尾するようにすれば、外部から誘導しなくてもミサイルが自分で目標に向かうようにできる」ということだ。これが「**赤外線誘導 (InfraRed Homing、IRH)**」の原理である。

　勝手に放射されている電磁波を拾っているだけなので、高出力の電波をこちらから浴びせるレーダーに比べ、一般に探知距離は低い（ただし、目標の温度によって異なる）。そのため、短射程のミサイルに使われることが多い誘導方式となっている。

■赤外線を検知するしくみ

　次に、どのようにして赤外線を検知するのか、について説明していこう。一般に赤外線の検知器（センサー）には、熱型検知器と量子型検知器がある。熱型は、赤外線を吸収して自身の温度が上がることを利用したものだ。波長依存性が無い（特定の波長に限らず、広く測定できる）が、検出感度が低い上に応答速度も低いため、ミサイルの誘導には適していない。そのため、ミサイルのシーカーには量子型検知器が使われている。

　量子型検知器は、「半導体に光（赤外線も含む）が当たったとき、その光のなかで特定のエネルギー（波長）だけを吸収して、代わりに電子を放出する」現象を利用している。これを「光電効果」と呼ぶ。太陽光発電やディジタルカメラにも使われている原理であり、これを理論的に説明した業績で、アルベルト＝アインシュタインはノーベル賞を受賞している（誤解している人もいるが、彼は「相対性理論」で同賞を受賞したわけではない）。

　この「特定の波長」は、半導体を構成する元素によって決まり、またその波

長を調整することも可能だ。よく使われるのは、『水銀 (Hg)・カドミウム (Cd)・テルル (Te)』や『鉛 (Pb)・錫 (Sn)・テルル (Te)』といった、3つの元素を組み合わせたものであり、それぞれの元素の割合 (組成) を変えることで光電効果が最大となる、つまり検知器として最大感度となる波長を変えることができる。また、珪素 (Si) やゲルマニウム (Ge) を用いた半導体に、ガリウム (Ga)、硫黄 (S)、インジウム (In) などの不純物を混ぜ、その割合を変えることで最大感度の波長を変えることもできる。2種類の波長に対して感度をよくすることもできる。

■シーカーは冷却が必要

どんな種類の検知器でも、雑音（ノイズ）の問題が付き物だ。それは赤外線検知器でも同様である。極言すると、たった1つの赤外線の光子でも光電効果は発生するが、それを検出できないのは、雑音に埋もれてしまうからだ。そして、いかなる検知器にも共通する、そして最大の雑音が「熱雑音」である。あらゆる物体、あらゆる粒子は、その温度に応じた運動を行っているが、それは検知器内の電子も例外ではない。その熱運動により熱雑音が生じてしまう。これを抑制するための理屈は単純で、温度を下げればよい。つまり、冷やしてやるわけだ。

このような理由からIRHミサイルのシーカーには冷却装置が搭載されている。検知器を冷却してやることで、熱雑音を抑え、検出感度を上げることができるわけだ。「そろそろ戦闘に入るかな」という段階で冷却を開始する。

検知器の冷却は、当初はペルティエ素子（電気により熱を移動させる冷却装置）などが使われていたが、その後はより冷却能力の高い冷媒ガスによる気化熱を利用したガス冷却式が主流となった。また、米国最新の「AIM-9X サイドワインダー」ではスターリング機関による冷却という、凝った方式を採用している。それだけ検知器の冷却が重要ということだ。

■ミサイルの中心に目標を捉える技術

続いて、どのようにして目標方向にミサイルを向けるのか、つまり、検知した赤外線をもとに、ミサイルの姿勢を制御する方法について解説する。検知器

赤外線信号をON／OFF信号に変調する

目標から発せられた赤外線を、誘導に使える信号に変えるため、レティクルと呼ばれる円盤状の回転部品を利用する。よく使われる3種類のレティクルを採り上げて、その機能を解説していく。イラストの円盤の黒い部分は赤外線を透過させず、白い部分は赤外線が透過する。そのため、回転する円盤を通過した赤外線は、右側のような変調されたON／OFFの信号となって検出される（グレイの円は、目標から放射された赤外線）。

①位相変調レティクル

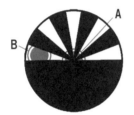
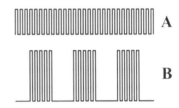

半分が完全に不透過で、残り半分は透過と不透過が放射状に交互に組まれた模様。目標を中央に捉えた場合[A]、レティクルの回転に拘わらず、赤外線は一定に入ってくるため、途切れることのない信号となる（また、つねに半分以上が不透過部分で隠れるため、信号強度は低い）。一方で、中央から外れている場合[B]、放射模様の部分は「見えたり見えなかったり」のパルス状信号となり、完全不透過の半円部分では信号も途絶える。そのため、波のように起伏のある信号となる。こうしたレティクルを「位相変調レティクル」と呼ぶ。

②周波数変調レティクル

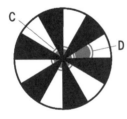
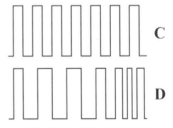

このレティクルは、軸対称な放射状の模様をしている。目標を中央に捉えた場合[C]は、等間隔にON／OFFする綺麗な信号となるが、少しでもずれた場合[D]は、各信号の幅が不揃いになる。これを「周波数変調レティクル」と呼ぶ。

③パルス変調レティクル

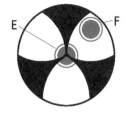
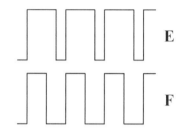

このレティクルは、中央では不透過部分が小さく、端に行くほど面積が大きくなっている。この場合、目標を中央に捉えるほど［E］、ON信号の幅が広くなり、端にいくほど［F］、信号の幅が狭くなる。これを「パルス変調レティクル」と呼ぶ。

このほかにも、振幅変調レティクルなど多様なレティクルがあり、さらに複雑で凝った模様も考案されている。また、この模様は特許の対象ともなっている。

に入ってきた赤外線は、ただ単に捉えて終わり、というものではなく、ミサイルの姿勢制御に使える信号に変える必要がある。

ある広さの検知器があったとして、「目標からの赤外線が検知器のどのあたりに当たっているのか」を理解し、「それを検知器の中央、つまりミサイル自身の中心軸に持っていく」ようにミサイルの姿勢を制御すれば、ミサイルは目標の方向に向かせることができる。IRHミサイルでは、目標からの赤外線を、変調して信号化することで、姿勢制御に利用している。それを行うのがレティクル（reticle）と呼ばれる円盤状の部品だ。レティクルの一部は、赤外線を透過し難い材質となっており、これを回転させることで、赤外線信号をON（赤外線を検知）／OFF（赤外線を検知しない）の信号に変調させている。詳しくはイラスト解説をご覧いただきたい。

■赤外線画像誘導（IIRH）

我々の眼は、レティクルなどを使わなくても、目的の物体が自分に対してどの方向にあるのかを判断し、それに向かうことができる。レティクルが入ってくる光（赤外線）を単なる点として捉えているのに対して、眼は光（可視光）を広

がりのある「点の集合」として捉え、それを画像として認識しているからだ(つまり、ドット絵のようなもの)。赤外線誘導ミサイルでも、近年はこの考え方が採用され、赤外線を点の集合した画像として認識することで、より高精度な誘導を達成している。それが「**赤外線画像誘導 (Imaging InfraRed Homing、IIRH)**」だ。

ただし、捉えたあとの情報処理の方法は、我々の眼とは異なる。人間はとても優秀な脳を備えているため、眼で捉えた画像が「何であるのか」、その意味まで認識・理解できるが、ミサイルの計算機にそこまでさせるのは、明らかにオーヴァースペックだ。

ミサイルは、画像の各点の輝度から、明るさの比(コントラスト)を割り出し、画像のコントラストがロックオン時点と同じであり続けるように目標を追尾する。なお、ミサイルのシーカーに使われている赤外線画像検知器の画素数は、128×128ピクセルが近年の主流となっている。サムネイル画像くらいの解像度だが、ミサイルのシーカーとして使うには、これで充分なのである。

なお、同様のことを可視光で行う誘導方式も存在する。「光学コントラスト式誘導」と呼ばれる方式だが、こちらは空対地ミサイルなどに使用されるものであり、第5章で解説する。

空対空ミサイルの技術

2.3 比例航法

■高速の目標を捕捉するためのテクニック

対空ミサイル(地対空/艦対空ミサイルを含む)の特徴のひとつは、きわめて高速の目標を攻撃することだ。その速度は、ミサイル自身の速度と同等である。自分と同じくらいの速度で動き回る目標まで到達するためには、第1章の誘導の原理で述べたような「地図を見て、その目標地点に向かう」といった方法とは、まったく異なるアプローチが必要となる。

追いかける側(ミサイル)が、目標よりずっと速い場合には、「後ろから付いていって捉える」ことも可能だが、ほとんど同じ速度の場合や、目標のほうが

比例航法

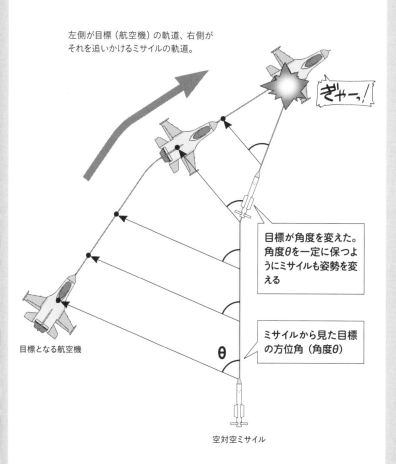

左側が目標（航空機）の軌道、右側がそれを追いかけるミサイルの軌道。

目標が角度を変えた。角度θを一定に保つようにミサイルも姿勢を変える

ミサイルから見た目標の方位角（角度θ）

目標となる航空機

空対空ミサイル

わかりやすくするため、ミサイルの軌道は折れ線で描き、それぞれの折れ曲がり地点で相対位置を確認して姿勢を変更している。このとき、ミサイルから見た目標の方位（角度θ）を、つねに一定に保つようにミサイルの姿勢を変えていくと、ミサイルは徐々に目標に近づいていき、そのうち両者の軌道が交差して、目標を捕捉することができる。

速い場合には、それができない。そこで「目標の未来位置で捕捉する」方法が用いられる。

未来位置で捕捉する方法のひとつが、目標が「どの時刻に、どの位置にいるのか」を予測して、ミサイルも「その時刻に、その位置へ到達する」ように飛行するというもので、いうなれば「待ち合わせ」だ。これは目標の動き（軌道）が単純な場合に使うことができる。代表的な例が、弾道弾の迎撃だ。重力に引かれるまま単純な楕円軌道を描く弾道弾の未来位置予測は、とても簡単だ。

一方で、航空機のような複雑な機動を行う目標や、弾道弾でも機動式弾頭や滑空式弾頭[※2]を有するものは、「どの時刻に、どの位置にいるのか」を割り出すのが難しい。そこで、SARH／ARHやIRHによって、目標と自分（ミサイル）の相対位置[原理B.]をつねに確認しながら、目標の直近の未来位置に向かうルートを選択[原理C.]し、この確認と補正を繰り返して徐々に目標に近づいていく、という方法が用いられる。これを「比例航法（proportional navigation）」と呼ぶ。詳しくはイラスト解説をご覧いただきたい。

2.4　姿勢制御

■空力舵による姿勢制御

誘導システムが完璧でも、その指示にしたがい正しく姿勢を変えられなければ、目標を捉えることはできない。特に対空ミサイルが相手にするのは、航空機やミサイルという兵器のなかでもっとも高機動な相手なのだから尚更だ。そのため、対空ミサイルもまた、ミサイルのなかでもっとも高い機動性を有している。

機動性は、その機体にかかる最大加速度で表す。単位は「重力加速度（9.8m/s^2）の何倍か」で示すことが多く、単位に「G」を用いる。航空機（戦闘機）で最大のものは9G（90m/s^2）で、これを超えるとパイロットの身体が耐えられない。対して対空ミサイルは最大で60G（600m/s^2）にも達する。

対空ミサイルは大気中で使用することが前提のため、空気の力を使って姿勢を変えることが基本となる。具体的にはミサイルに付属する翼（フィン）の角度を変えることで、ミサイルにかかる空気の力を変化させ、姿勢を変える。こうした目的の翼を空力舵（aerodynamic rudder）と呼ぶ（第1章16ページ図

※2：機動式弾頭とは、大気圏に再突入したのちに、動翼によって軌道を変更する弾頭のこと。滑空式弾頭とは、同じく大気圏再突入後に、大気に「乗って」滑空する弾頭のこと。正確には弾頭ではなく再突入体である。

説の「動翼」がこれに相当する)。標準的な空対空ミサイルは機首から尾部までのあいだに何段かの翼があり、空力舵は段ごとがセットになって働く。また、ミサイルの翼には、空力舵ではなく姿勢を安定させる目的の翼もあり、そうした翼は固定となる。下にソ連邦製短射程空対空ミサイル「R-73」の写真を掲載した。4枚1組の翼が4段、設けられている。このうち1段目と3段目が空力舵であり、2段目と4段目が姿勢を安定させるための固定の翼となっている。

■推力偏向方式でさらなる高機動を実現

　空力舵の問題は、対気速度によって「効きが違う」ということだ。一般に、空気から受ける力は速度の2乗に比例する。つまり「高速のほうが舵の効きがよく、低速だと悪い」ということだ。となると、発射直後の充分に加速されていない段階では効きが悪いことになる。地対空ミサイルは地上固定の発射機や、停車した発射車輌など「初速ゼロ」で発射されるため、この影響が顕著となる。発射母機の速度分の初速を得られる空対空ミサイルでも、通常は航空機が亜音

ミサイルは付属する翼（フィン）の角度を変えることで、姿勢を変化させる。R-73は4段の翼のうち、1／3段目が空力舵、2／4段目が固定の翼となる。また、尾部ノズルは推力偏向が可能な構造となっている（写真／多田将）

第2章 空対空ミサイル

速で飛行するときに発射するため、やはり最高速度の状態に比べて「効き」は悪い。

そこで、空対空ミサイルのなかには、空力舵以外の（対気速度の影響とは無関係の）姿勢制御方式を採用しているものもある。再びR-73の写真を見てもらいたい。尾部のノズルに4方向から蓋のようなものを被せる構造になっている。この蓋が被せられた方向は燃焼ガスの噴射が妨げられ、その流れが逆方向に向かうため、姿勢を大きく変えることが可能となる。これを「推力偏向」と呼び、この機構によってR-73は、発射直後から大きく姿勢を変えることを可能としている。たとえば、真横に近い目標に対しても攻撃できる。なお、推力偏向にはノズルそのものの向きを変える方式もある。

余談ながら、ミサイルの照準は主にパイロットの目の前にある「ヘッド・アップ・ディスプレイ（HUD）」で行う。しかし、これは正面の敵と戦闘することを想定したもので、横にいる敵を捉えることはできない。当然ながら、これではR-73のように横方向の敵を攻撃できる高機動な空対空ミサイルが性能を発揮

「ヘルメット・マウンド・ディスプレイ」はヘルメット・バイザーに各種情報を表示するもので、これにより横方向の敵とも交戦できる。米国は近年になって導入したが、ソ連邦では1980年代に、このアイデアを具現化している（写真／U.S. Air Force）

することはできない。HUDを横にまで広げるという方法もあるが、ソ連邦はより賢い方法でこれを解決した。それがパイロットのヘルメット・バイザーを照準用ディスプレイとする方法で、「ヘルメット搭載型照準システム（Нашлемная Система Целеуказания）」と呼ぶ[※3]。

これと同様のものは、近年になって米国でも「ヘルメット・マウンティッド・ディスプレイ（HMD）」として採用されたが、ソ連邦がこれを公開したのは1980年代前半であり、その装備の先進性は驚嘆に値すると言えるだろう。

2.5 ロックオン

■LOBLとLOAL

戦闘機同士の格闘戦を描いた映画などで、敵機を捕捉したパイロットが「ロックオン（Lock on）！」と発しているのを見たことがある方も多いだろう。あの「Lock on」とは、ミサイルのシーカーに「目標はあれだよ」と指し示し、捕捉させることを意味する。ロックオン以降、ミサイルは目標を追尾していくわけだが、このロックオンのタイミングには2種類ある。

ひとつは、発射前に行うものだ。ミサイルが母機にぶら下がっている状態でミサイルに目標を捕捉させ、続いて発射するという流れだ。これを「Lock-On Before Launch（LOBL）」と言う。相手と近接した状態、つまり短射程のミサイルに使われたり、複数の目標に対して複数のミサイルを放つような複雑な攻撃を行うときに、事前に確実に目標を捕捉させる目的で使われたりする。前述の映画で描かれる「ロックオン！」は、こちらだ。

もうひとつが、母機は目標を捉えているが、ミサイルのシーカーが捉えていない状態でミサイルを発射し、飛行している途中でミサイルのシーカーに目標を捕捉させる方法だ。これを「Lock-On After Launch（LOAL）」と言う。こちらは長射程のミサイルや、姿勢制御の項で述べた真横の目標（つまりミサイルのシーカーの視界外の目標）[※4]に対して攻撃する場合に使用される。

なお、目標の破壊に欠かすことのできない弾頭と信管の技術については、第3章で地対空／艦対空ミサイルと併せて解説する。

※3: ソ連邦はこのシステムを国外にセールスする際には、英語で「Helmet Mounted Sight（HMS）」の名称を用いた。
※4: 真横の目標のような、ミサイル自身のシーカーの視界（おおよそ前方左右15度程度）の範囲外への攻撃能力を「オフボアサイト射撃能力」と言う。

第2章 空対空ミサイル

空対空ミサイルの発展史

2.6 空対空ミサイル

[ソ連邦/ロシアの空対空ミサイル]
■西側とまったく異なる運用思想

ここからは空対空ミサイルについて代表的なミサイルを挙げて解説していく。なお、ソ連邦/ロシアのミサイルは、初出時のみ正式名称であるキリル文字で表記し、以降はアルファベット表記とする。

巻末掲載の一覧表を見ると、「P-3 [R-3]」から「P-27 [R-27]」まで、誘導方式の欄にSARHとIRHが交互に並んでいる。空対空ミサイルについてソ連邦では、同一機種に誘導方式だけが異なる2種類を並行して開発してきた。「その両方を迎撃機に搭載し、同時に発射することで命中率を高める」という運用思想のためだ。たとえば「P-40 [R-40]」ならレーダー誘導の「P-40P [R-40R]」と、赤外線誘導の「P-40T [R-40T]」、2種類のサブタイプがある。末尾の「P[R]」は「Радио（電波）」、「T [T]」は「Тепло（熱）」を、それぞれ意味する。これは、誘導方式を距離によって使い分けた米国とは、まったく異なる考え方と言えるだろう。

ソ連邦の空対空ミサイル運用のもうひとつの特徴が、迎撃機[※5]とミサイルが「一対一」で対応していることだ。これは「管制処が目標の選定から迎撃機の展開、攻撃までを制御する」という、ソ連邦の国土防空・迎撃システムの考え方が背景にある。このシステムにおいて、迎撃機のパイロットは「ミサイルの射手」に過ぎず、迎撃機も「空飛ぶミサイル発射機」に過ぎない。言いすぎなくらいに言ってしまうと、「まず空対空ミサイルがあり、それにあわせて迎撃機がある」ということになる。たとえば、Su-11迎撃機に「P-8 [R-8]」、Su-15迎撃機に「P-98 [R-98]」、MiG-23戦術戦闘機に「P-23/-24 [R-23/-24]」、MiG-25迎撃機に「P-40 [R-40]」が、一対一で対応している。この点も、汎用ミサイルをさまざまな戦闘機に搭載した米国と異なる点だ。

※5:ソ連邦では、空軍とは別に防空専門の独立軍種として「防空軍」が置かれ、戦闘機も「戦術戦闘機」（空軍が運用）と「迎撃機」（防空軍が運用）の2系統が存在した。なお、ソ連邦の戦闘機・空対空ミサイルの発展史については、拙著『ソヴィエト超兵器のテクノロジー 航空機・防空兵器編』[イカロス出版]をご覧いただきたい。

2.6 空対空ミサイル

■**専用ミサイルから汎用ミサイルへ**

ソ連邦初の空対空ミサイルが「PC-1У [RS-1U]」だ。1951年から開発が始まり、1956年に制式採用された。また、その改良型が「PC-2У [RS-2U]」である。これら初期の空対空ミサイルはSARHやARHではなく、指令誘導の一種であるビーム・ライディング方式を採用している（ビーム・ライディング方式は第3章で解説する）。

1962年運用開始のR-8以降は、前述したようにレーダー誘導／赤外線誘導の2種の誘導方式を採用し、R-98、R-23 /-24、R-40と発展していく。

1983年運用開始の「P-27 [R-27]」は、これまで通り2種類の誘導方式を採用したが、特定の迎撃機専用ではないところが特徴である。同時期に登場した汎用のIRHミサイル「P-73 [R-73]」（1983年制式採用）とあわせて、当時の新世代機（米国の第4世代戦闘機に相当）であるMiG-29とSu-27に共通した武装であり、これを境に、空対空ミサイルの運用は西側ティックな「汎用」

中射程ミサイルR-27の赤外線誘導型R-27T。R-27は、これ以前のソ連邦空対空ミサイルと同様にレーダー誘導型と赤外線誘導型の2種がつくられたが、機体を選ばない汎用ミサイルとなった（写真／多田将）

第2章 空対空ミサイル

方式へと変化した。

現在のロシア空軍でも、機種を選ばない汎用の空対空ミサイルが配備されている。それがARHの中射程ミサイル「Р-77 [R-77]」（1994年運用開始）と、前述したIRHの短射程ミサイルR-73（および発展型R-74）だ。

R-77は米軍のAIM-120（後述）に相当するミサイルで、外観もすっかり西側ティックの細身なシルエットとなっている。弾頭は炸薬によって棒状の物体（ロッド）を放出する方式で、レーザー測距計を使った近接信管を備えている（弾頭や信管については第3章で解説する）。弾頭の致死範囲は半径7mだ。

R-73は2.4節でも紹介した高機動の赤外線誘導ミサイルだ。最大荷重は40Gで、12Gの機動を行う敵とも交戦できる。R-73には「РМД-1 [RMD-1]」と発展型の「РМД-2 [RMD-2]」（別名R-73M）があり、射程やシーカーの探知角度が向上している。また、RMD-2は発射母機の後方の敵とも交戦可能だ。無線式（レーダー式）とレーザー式、2種類の近接信管に対応している。

最後に長射程空対空ミサイルについても解説する。1981年に、MiG-31迎撃機と「一対一」の関係となるミサイルとして「Р-33 [R-33]」の配備が開始された。MiG-31とR-33は、低空侵入を試みる米国の戦略爆撃機B-1の迎撃を目的として開発された。2.1節でも触れた通り、米国のAIM-54（後述）とよく似た形状だが、一部で言われる「イラン革命後にイランから入手したAIM-54をもとに開発された」という説は間違っている。イラン革命（1978年）以前の1973年からR-33の飛行試験は開始されている。R-33は慣性航法で飛行し、終末誘導でSARHに切り替える。世界初の戦闘機用フェイズド・アレイ・レーダーを備えたMiG-31は、10個の目標を同時追跡し、うち4個の目標にR-33を誘導できる。そして、R-33をARH化した「Р-37 [R-37]」が2014年から配備されている。

また、本節で紹介した一連のミサイルとはまったく異なる系列の大型の長射程空対空ミサイルとして「КС-172 [KS-172]」も紹介しておく。S-300V長射程地対空ミサイルシステム（第3章）搭載のミサイルをもとに1990年代から開発された空対空ミサイルで、射程は400kmにもおよぶ。敵の早期警戒機への攻撃を目的にしたものと言われている。一旦開発が中止され、21世紀になって復

活したが、長射程ミサイルとしては前述のR-37と競合したことから、KS-172は採用されなかった。

［米国の空対空ミサイル］
■戦後2系統のみを使い続ける

　米国の空対空ミサイルは、初期の「AIM-4ファルコン」を経て、「AIM-7スパロー」（1954年運用開始）を登場させて以降、レーダー誘導式（SARH）の中射程ミサイルAIM-7と、赤外線誘導式の短射程ミサイル「AIM-9サイドワインダー」（1956年運用開始）、この2種をあらゆる航空機に搭載し続けた。なお、空対空ミサイルが冠している「AIM」とは、「Air Intercept Missile（空中迎撃ミサイル）」の意味である。

　ちなみに米国は、1963年以降、あらゆるミサイル（弾道弾だろうが空対空ミサイルであろうが）の型式を通し番号で命名するようになったが、AIM-7の後継が、AIM-"120"と数字が大きく飛ぶのは、長くAIM-7を使い続けていたことを象徴的に表している。もちろん、絶えず改良され続けており、AIM-7"A"からAIM-7"P"まで発展している。それでも、ほぼ同じ外形・運用形式であり続けたことは、運用する側からすればきわめて扱いやすく、合理的な発想であることは間違いない。「いちばん最初に『正解』を出し、あとはそれを適宜改良していくだけ」という、王道を往く米国兵器開発の象徴のような見事な兵器で、同国の群を抜いた技術力があったればこそと言えるだろう。

　AIM-9は、さらにその上をいく超汎用兵器で、今でもその最新型AIM-9Xが使われている。AIM-9Xは、ステルス機の機内弾倉に搭載できるよう翼が小型化したが、R-73と同じく推力偏向機構を備えることで、一層高機動となった（なんと60G！）。誘導方式も赤外線画像誘導式となり、感度も桁違いに向上している。

　1991年運用開始の「AIM-120 AMRAAM（Advanced Medium-Range Air-to-Air Missile、先進的中射程空対空ミサイル）」は、基本的に「ARH化したAIM-7」だが、単に誘導部分を換装しただけでなく、まるっきり新しいミサイルとなった。AIM-7よりやや小型になったにもかかわらず、射程をはじめ、あらゆる性能が格段に向上している。これを汎用空対空ミサイルとしたことで、か

第2章 空対空ミサイル

つてはF-14やMiG-31のような特別な迎撃機にしかできなかった複数目標への同時攻撃が、汎用の戦闘機でも可能となった。最新のAIM-120Dは射程が160kmに達し、後述する長射程ミサイル「AIM-54」を不要のものとした。

■航空母艦を守る長射程ミサイル

開発順は前後するが、AIM-7からAIM-120の系統とはまったく別に、航空母艦を守る迎撃機搭載用に開発された空対空ミサイルがある。それが1970年代に登場した長射程ミサイル「AIM-54フェニックス」だ。

冷戦期、米海軍航空母艦の最大の脅威は、ソ連邦の爆撃機・水上艦艇・潜水艦から発射される長射程対艦ミサイルだった（第4章）。なかでも、もっとも初期から存在したのが爆撃機と空中発射型対艦ミサイルであり、1950年代に登場している（当時はTu-4K爆撃機とKS-1ミサイル）。これらから航空母艦を守るためには、近づく前に迎撃できる、長射程の対空ミサイルが必要とされた。

開発のベースとなったのは、空軍が本土防空用に開発していた迎撃機XF-

F-16戦闘機に搭載されたレーダー誘導式・中射程ミサイルAIM-7（上）と赤外線誘導式・短射程ミサイルAIM-9（下）。米国の空対空ミサイルは、この2系統が発展していった
（写真／Iowa Air National Guard）

108に搭載を予定していた「AIM-47」(AIM-4の長射程型)と、その火器管制レーダー「AN/ASG-18」の組み合わせだった。これらはXM-108がキャンセルされたために活躍の場を失ったが、より発展させたものが海軍によりAIM-54と「AN/AWG-9」として採用された。AIM-54は、当時としては驚異的な130kmの射程を持ち、最大速度はマッハ5に達する。誘導方式は、中間誘導にSARHを用い、目標まで18kmの地点からARHに切り替える。そして、AN/AWG-9は同時に24の目標を追跡でき、そのうち6目標を同時攻撃可能であった。まさに当時はオーパーツそのものだった。

これを搭載すべく開発された新型迎撃機が、あのF-14戦闘機だ[※6]。冷戦期、同機は航空母艦1隻あたりに24機搭載され、その絶対的な防御力によって航空母艦を「アンタッチャブル」な存在とした。冷戦後、F-14は2006年までに順次退役していったが、その大きな理由は、冷戦終結というよりも、前述したように、AIM-120の登場によって、同機のような重厚なシステムがなくても、同じことが汎用戦闘機で可能になったからである。

[その他の空対空ミサイル]
■欧州標準の赤外線式短射程ミサイル「IRIS-T」

露米以外の空対空ミサイルについて、近年の西欧で開発されたものに絞って紹介しておく。

まず、独伊・スウェーデン共同開発の短射程赤外線誘導式空対空ミサイル「IRIS-T」は、2005年から欧州8カ国を中心に、世界15カ国で広く運用されている。事実上の欧州標準短射程ミサイルと言えるだろう。また、ウクライナに供与されたことでも知られている。名称は「InfraRed Imaging System Tail/thrust vectorcontrolled(赤外線画像式・テイルスラスト・推力偏向)」のバクロニムだが、後半の文字がずいぶんと余ってしまっている。名称の通り誘導方式はIIRHで、姿勢制御にはR-73やAIM-9Xのような推力偏向式を用いている。

もともと、1980年代よりドイツ(西ドイツ)は英国と共同で次世代赤外線誘導式空対空ミサイル(のちのAIM-132)の開発に取り組んでいたが、東西ドイツ統一後に旧東ドイツより獲得したソ連邦製R-73の高性能に驚き、より優

※6:本来、AN/AWG-9とAIM-54はF-111B艦上迎撃機に搭載される予定であったが、F-111Bがキャンセルされたため、これらを搭載する新型艦上迎撃機としてF-14が開発された。

れたミサイルを求めて共同開発から降りた背景がある。なお、「AIM-132 ASRAAM」は英国単独で開発され、1998年より現在まで英空軍で使用されている [※7]。

■ **ダクティッド・ロケットを搭載した長射程ミサイル「ミーティア」**
「Meteor（ミーティア）」も欧州共通となるべく開発された長射程の空対空ミサイルである。中間誘導に慣性航法と指令誘導（第3章）を用い、終末誘導にはARHを採用している。

本機の最大の特徴はダクティッド・ロケットの使用だ。これは固体ロケットモーターとラムジェット・エンジンを組み合わせたようなエンジンである。まず、酸化剤が少なめの固体ロケットモーターを用意し、これを1段目の燃焼室で燃焼させる。すると、不完全燃焼の燃焼ガスが噴出されるため、これを2段目の燃焼室にて再度燃焼させる。このとき、この2段目燃焼室には空気取入口から入った空気（酸素）が吹き込まれ、ここで完全燃焼にいたる。

第1章にて、ラムジェット・エンジンの欠点として、発射時など低速のときには入って来る空気量が少ないことを挙げたが、ダクティッド・ロケットの2段目燃焼室には固体ロケットモーターの燃焼ガスが吹き込んでくるため、空気の流れが生じ、酸素を含む外気が引き込まれる。これにより低速でもエンジンを始動できる。また、同じく第1章では、ロケットエンジンの欠点として、酸化剤を積まねばならないため燃費が悪いことを挙げたが、空気を取り込む分だけは酸化剤を減らせるため、純粋なロケットエンジンより燃費を向上できる。

ミーティアは2016年から配備が始まり、欧州9カ国を中心に世界15カ国で運用されている。

※7: AIM-132 ASRAAMは、米国も採用する予定であったことから「AIM」という米国の型式番号が与えられている。しかし、米国は独自にAIM-9Xを開発し、本機の採用は見送っている。「ASRAAM」は「Advanced Short-Range Air-to-Air Missile（先進的短射程空対空ミサイル）」の略。

第3章
地対空／艦対空ミサイル

■プラットフォームと目標
プラットフォーム：地上施設、車輌または個人携行、艦艇
目標：航空機、巡航ミサイル（対艦巡航ミサイル）

■誘導方式
●指令誘導（無線式）
指令照準線一致誘導（CLOS）
　手動指令照準線一致誘導（MCLOS）
　半自動指令照準線一致誘導（SACLOS）
　自動照準線一致誘導（ACLOS）
指令照準線非一致誘導（COLOS）
ビーム・ライディング（BR）
TVM誘導

第3章 地対空／艦対空ミサイル

空対空ミサイルとの違い

本章で取り扱う地対空／艦対空ミサイル（Surface-to-Air Missile、SAM）は、前章の空対空ミサイルと同じく航空機や巡航ミサイルを攻撃するためのものだが、いくつかの点で明確に異なる特徴を持っている。まず、発射母機が動かないこと（艦艇や車輌は動いているが、航空機に比べれば停まっているも同然だ）。次に、重量の制約が無いため、巨大なレーダーをどっしり据えた重厚なシステムにすることが可能で、ミサイル本体も射程の長い巨大なものを運用できることだ。本書の巻末に掲載した諸元表で両者を比較すると、地対空ミサイルのほうが巨大で射程も長いことがわかる。一方で、目標（航空機／巡航ミサイル）よりはるか下方の地上／水上から発射するため、「どの高度まで到達できるのか」、つまり射高が大きな意味を持つ。

そして、もっとも重要な特徴が、大きなミサイルを運用するために加速に時間がかかり、射程が長い（それゆえに大きな）ミサイルほど「近い距離の目標が苦手」になるということだ。そのため、地対空／艦対空ミサイルによる防空網は、射程の異なる複数のミサイルを組み合わせた多層的な構成となる。大きなミサイルは高空・遠方を、小さなミサイルは低空・近傍を、それぞれ担当させて運用するのが一般的だ。

歴史的な背景にも触れておく。もともと地上から航空機を迎え撃つ兵器は、対空砲だった。現在でも低空の目標に対して機関砲が使われているが、高空の目標へは、より射程・射高のある砲が使われていた。しかし、航空機の性能が向上し、飛行高度が上昇するなかで、対空砲は性能的な壁に突き当たる。射高を上げるには砲を大口径・長砲身にせざるを得ないが、砲弾が大きく重くなることで速度の低下を招き、航空機の速度に追いつくことを困難にしたのだ。さらに追い打ちをかけたのが、ジェット機の登場だ。高空を高速で飛行するジェット機は、もはや対空砲では手も足もでない存在であった。

結局、そのような目標に対しては、こちらも航空機（迎撃機）で対処せざるを得なくなった。しかし、同時期にレーダー技術が一気に発展したこと、またロケット（自己推進する飛翔体）が登場したことで、対空砲でも迎撃機でもない新たな対抗手段が生まれる。それが地対空ミサイルだ。

空対空ミサイルとの違い

さまざまな地対空ミサイル

地対空ミサイルは、個人携行式から車載式、さらに大型で重厚なものまで、大きさ・射程ともさまざま。これらを組み合わせることで多層的で「穴のない」防空網を構築している

個人携行式 9K38 イグラ

重量11kgの肩撃ち式地対空ミサイル。射程は5kmと短い。誘導方式はIRH。

車載式／短〜中距離防空用 9K331M トールM1

1つの車体に、発射機、レーダー、指揮統制機能のすべてをワンセットにしたもの。師団レヴェルの防空用に使われる。射程は12kmで、誘導方式は指令誘導（COLOS）。

車載式／長距離戦略防空用 S-400

発射機と各レーダー、指揮統制機能が別々の車輌。通常、射撃管制レーダー1輌あたり発射機4輌でユニットを組む。射程は数百kmに達し、近年は弾道弾迎撃能力も追加。誘導方式は指令誘導＋SARH/ARH。

地対空／艦対空ミサイルの誘導方式

3.1 無線指令誘導

■指令誘導は「スイカ割り」

みなさんはスイカ割りをしたことがあるだろうか。スイカ割りは、実行する当人が目隠しをして、彼とスイカの両方を視認できる観客たちが、「右」だ「左」だ「もっと前」だと指示を出して誘導する。地対空／艦対空ミサイルの代表的な誘導方式である**「指令誘導」**は、これと同じものだと考えるとわかりやすいだろう。

つまり、実際にスイカを割る人（ミサイル。本章では特に「迎撃体」と呼ぶ［※1］）は、自分自身では自分の位置［原理A.］も、目標の位置［原理B.］も、そのあいだのルート［原理C.］も、何もわからない。それらはすべて誘導担当の人間（発射母機など）が把握し、進む方向を指示し、割る人はその指示に従うだけとなる。「これこそ、まさに誘導！」といった感じの方式なのである。

この方法の利点は、迎撃体側の電子機器を最小限にできることだ。レーダーを積まなくていいし、計算機（コンピューター）も複雑なものは必要ない。指令を受信するための受信機と、指令に応じて操舵できる機器があれば、それで充分である。これにより、迎撃体を軽量化したり、または弾頭重量や燃料を増やしたりできる。さらに迎撃体の価格を抑えることも可能となる。一般的にミサイルが高価なのは、搭載する電子機器によるところが大きい。高性能なレーダーや航法装置、計算機を毎回使い捨てにするのは、やはりお金がかかるのだ。

こうした利点から、地上／水上の指揮処［※2］や発射母機が、発射地点から目標までの全体を見渡せる状況であれば、指令誘導はもっとも一般的な誘導方式だ。また、初期のころは「スイカを割るまで」すべての行程を指令誘導で行うものが多かったが、目標の複雑化にともなって、現在では終末誘導を別の方法に切り替えるものが多い。

また、指令誘導において「右だ、左だ」といった指令を送る手段には有線と無線がある。有線は単純で妨害にも強いが、せいぜい数kmほどの短射程でしか使えないため、主に対戦車ミサイルで使用される。こちらは第8章で解説する。

※1：地対空／艦対空ミサイルシステムは、レーダーやイルミネイター、指揮処や計算機など、巨大で重厚なシステムで構成され、ミサイルはそのほんの一部でしかない。そのため、ミサイルは「迎撃体」と呼ばれることが多い。

※2：指揮処とは、指令誘導においてミサイルに指示を出す場所を示す。地上の管制施設のほか、移動式地対空ミサイルであれば指揮車輛、艦艇であれば防空指揮を担う区画などが該当する。これらを総称して、本章では「指揮処」と記す。

指令誘導①

指令誘導とは、文字通り「指令を受けて誘導」される方式。喩えるなら「スイカ割り」と同じ。ミサイル（迎撃体）にはレーダーなどのセンサーは搭載されておらず、指揮処が目標を捉え、目標までのルートを指示する。

指令照準線一致誘導（CLOS）

「誘導側-迎撃体-目標」が一直線になるよう、迎撃体を誘導する方式。

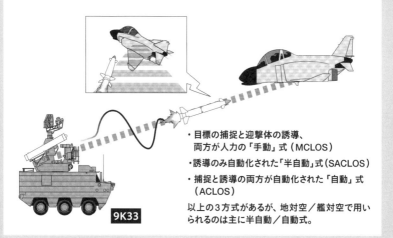

- 目標の捕捉と迎撃体の誘導、両方が人力の「手動」式（MCLOS）
- 誘導のみ自動化された「半自動」式（SACLOS）
- 捕捉と誘導の両方が自動化された「自動」式（ACLOS）

以上の3方式があるが、地対空／艦対空で用いられるのは主に半自動／自動式。

第3章　地対空／艦対空ミサイル

本章が取り扱うのは、長射程かつ高速のミサイルであり、これらには無線で指令を送ることになる。ようは「ラジコン」だ。

続いて、より具体的な指令誘導の方法を見ていこう。

[1] 指令照準線一致誘導
■目標とミサイルを一直線上に置く

みなさんが遠くの物体を見るとき、「方向（方角）」は把握しやすいが、「距離」を正確に認識するのは難しいのではないだろうか。同様に迎撃体を誘導する場合でも、距離の把握は難しい。しかし、距離が曖昧で、いつ目標付近に到達するのかわからなくとも、確実に目標に命中させる方法がある。それは自分（誘導側）と目標を結んだ線上に、つねに迎撃体を置くことだ。とにかく方角だけに注意して、「誘導側―迎撃体―目標」が一直線上にあるように維持すれば、いつかは必ず迎撃体が目標に衝突する。この誘導方式を「**指令照準線一致誘導（Command to Line Of Sight、CLOS）**」と呼ぶ。「照準線（Line Of Sight、LOS）」とは、誘導側と目標を結んだ線のことだ。

この方式は、迎撃体に指示を出す方法によって、さらにいくつかに分類される。

①手動指令照準線一致誘導

まず、手動で迎撃体を操作する方法がある。ジョイスティックなどを使って操作員がLOSから外れないよう、迎撃体を操作する。完全に「ラジコン」だ。これを「**手動指令照準線一致誘導（Manual Command to Line Of Sight、MCLOS）**」と呼ぶ。

CLOSのなかでもっとも単純な方法だが、命中させられるかどうかは操作員の技量次第となる。目標が停止している場合は簡単だが、動いている場合には照準線そのものが動くため難易度が上がる。ましてや戦闘機のような高速の目標であれば、人間の反応速度の限界を超えてしまうため、対空目標に用いるには相応しい方法とは言えない。そのため、主に対戦車ミサイルで用いられる。

②半自動／自動指令照準線一致誘導

MCLOSよりやや進化した方法が、「**半自動指令照準線一致誘導（Semi-

Automatic Command to Line Of Sight、SACLOS)」だ。目標を追う(目標に照準を合わせる)のは、変わらず操作員による手動だが、照準線上に迎撃体が乗り続けるための操作(迎撃体への指令)は、指揮処や発射母機の電子機器が行ってくれる。

さらに、目標に照準を合わせる操作も電子機器が行ってくれるものは「**自動指令照準線一致誘導 (Automatic Command to Line Of Sight、ACLOS)**」と呼ばれる。

[2] 指令照準線非一致誘導
■高度な計算機の登場で複雑な軌道計算が可能に

迎撃体を照準線上に乗せる誘導方式は、目標の方角さえ追っていればよいので単純だが、奥行きも含めた3次元的な位置の把握と、複雑な軌道計算ができるようになれば、より精度の高い誘導が可能となる。

まったく別の方角にいる目標と迎撃体の、それぞれの位置(そして動き)を正確に把握し、どのようにすれば両者が合流できるのかを計算し、迎撃体側にその最適な軌道を辿るように指示を出すというものだ。これを「**指令照準線非一致誘導 (Command Off Line Of Sight、COLOS)**」と呼ぶ。当然だが、照準線一致式に比べて、高精度なレーダーと高性能の計算機を必要とする。

なお、単純な指令誘導は防空用途としては現代では徐々に消えつつあるものの、精度の高いCOLOSは依然として現役で活躍する誘導方式となっている。

[3] ビーム・ライディング
■レーダー波に"乗って"目標に向かう

ここまで紹介した指令照準線一致誘導／非一致誘導とも、迎撃体の動きを指揮処側で制御していたが、次に紹介する方式では迎撃体自身が行う。そのため「"半"指令誘導」とも言えるものだ。

指揮処は目標を追跡しながら照準し続ける(レーダー波を照射しつづける)。迎撃体は指揮処側が照射するレーダー波を検知し、そのレーダー波のもっとも強度の高いところ、つまり照準の中央に位置するよう自身を制御して飛行する。第2章で紹介したSARHは、目標で反射したレーダー波を「頭」で検知し、そ

の中央に向かって飛翔したが、この方式は、反射波ではなく、指揮処から発信されたレーダー波そのものを「尻」で検知する。この方式を「**ビーム・ライディング誘導（Line Of Sight Beam Riding guidance、LOSBR／あるいはもっと単純に Beam Riding、BR）**」と呼ぶ。

この方式は、指揮処は照準だけを行えばよいため、その負担は大きく減る。一方で迎撃体にレーダー受信装置や計算機などを搭載する必要があり、迎撃体の構造は複雑となる。また、レーダー波は遠方になるほど広がり、距離が離れるほど精度が低下するため、近距離での誘導に適している。

[4] 慣性航法と無線による補正
■併用により指揮処の負担を軽減

慣性航法（第1章）は、もともと、弾道弾のような、巨大・超長射程で、それほど精度も高くないミサイルに使われていた。しかし、ジャイロや計算機が小型化・高性能化したことで、精度が大きく向上し、対空ミサイルのようなピンポイントの命中精度が求められるものにも使われるようになっている。たとえば、現代のほとんどの空対空ミサイルは中間誘導に慣性航法を利用し、終末誘導でARHなどに切り替える方式を採用している。

地対空／艦対空ミサイルでも、今では、同様に指令誘導と慣性航法を組み合わせた方法が用いられている。具体的には、発射した迎撃体を慣性航法で飛行させておいて、指揮所は軌道を補正するために無線で指示を与える、というものだ。こうすることで、完全に指令誘導だけにするよりも、指揮処の負担が大きく減り、より多くの目標と同時交戦できるようになる。

3.2　指令誘導＋終末誘導（レーダー誘導／TVM誘導）

■指令誘導の問題──遠くの目標に対する「精度」の悪さ

指令誘導は優れた誘導方式だが、問題もある。まず、同時に交戦する目標の数が増えるほど、指揮処の負担が大きくなる。次に、交戦距離が遠くなるほど、指揮処から見た目標の「解像度」が悪くなる。実際に広い空間や、巨大な物体であっても、遠く離れた指揮処からは「点」に見えるように、距離が開くほど精

3.2 指令誘導＋終末誘導（レーダー誘導／TVM誘導）

指令誘導②

指令照準線非一致誘導（COLOS）

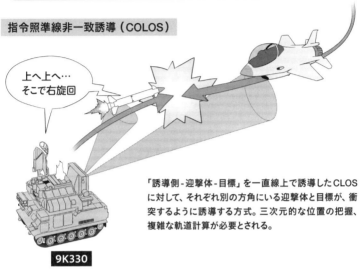

「誘導側-迎撃体-目標」を一直線上で誘導したCLOSに対して、それぞれ別の方角にいる迎撃体と目標が、衝突するように誘導する方式。三次元的な位置の把握、複雑な軌道計算が必要とされる。

ビーム・ライディング

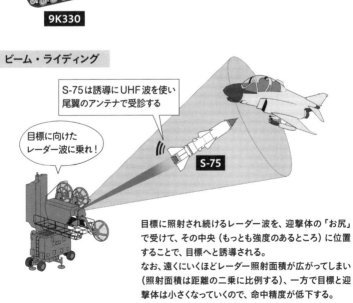

目標に照射され続けるレーダー波を、迎撃体の「お尻」で受けて、その中央（もっとも強度のあるところ）に位置することで、目標へと誘導される。
なお、遠くにいくほどレーダー照射面積が広がってしまい（照射面積は距離の二乗に比例する）、一方で目標と迎撃体は小さくなっていくので、命中精度が低下する。

度は悪くなる。逆に、迎撃体は目標に近づくため、指揮処よりも迎撃体自身のほうが鮮明に目標を「見る」ことができる。

そのため、長距離の目標に対しては、迎撃体が目標に近づくまでは大出力レーダーと大規模計算機を備えた指揮処が指令誘導を行い、目標に近づいたのちは「迎撃体と目標の近さ」を利用した誘導方式に切り替える、という方法（つまり中間誘導を指令誘導、終末誘導に他の誘導方式を用いる方法）が理想的となる。現代の長距離地対空／艦対空ミサイルのほとんどが、この方式を採用している。

終末誘導としては、空対空ミサイル同様にSARHとARHがよく使われている。SARHを用いる防空システムでは、全天を監視してあらゆる目標を追跡するメインのレーダーに加え、目標を「照らす」懐中電灯の役割となる「イルミネイター（illuminator）」を持っていることが多い（迎撃体はイルミネイターの反射波を追って目標に向かう）。右のページに掲載した写真は、米国の巡洋艦に搭載された「SPY-1」レーダー（全天を監視するレーダー）と「AN/SPG-62」イルミネイターである。また、ARHの場合は、ミサイルが誘導方式を切り替えたのちは、指揮処はその目標を迎撃体に任せて、別の目標に専念することができる。

■ TVM誘導──ミサイルを介した追跡

SARHとARHのほかに、終末誘導に用いられるのが「**TVM (Track Via Missile)**」だ。日本語にすれば「ミサイルを通じた追跡」くらいの意味だ。これは、指令誘導の利点と、終末段階では迎撃体のほうが目標が鮮明に「見える」という利点とを組み合わせた方法だ。

具体的には、迎撃体側にレーダーの受信機があり、目標で反射したレーダー波を拾って自身と目標との相対位置［原理B.］を把握する。ここまではSARHと同じだ。SARHは、ここから迎撃体自身が軌道を計算［原理C.］して、機体を制御するが、TVMでは相対位置情報を指揮処に送信し、軌道計算を指揮処に委ね、指揮処から動きを制御してもらう（原理C.を指揮処が担う）。つまり、基本は指令誘導方式だが、最終局面での目標と迎撃体の位置情報のみ、迎撃体の助けを借りる。

TVM方式では、指揮処は、迎撃体が目標に向けて飛んでいるあいだも、精度は悪くとも自身のレーダーで目標と迎撃体の位置を把握しているが、特定目

3.2 指令誘導+終末誘導(レーダー誘導/TVM誘導)

指令誘導は「遠くの目標が見えにくい」

レーダーの照射角が一定の場合、照射面積は距離の二乗に比例する。一方で、目標の大きさは変わらないため、遠いほどレーダーの「解像度」が落ち、誘導の精度は低下する。

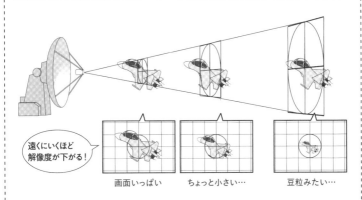

遠くにいくほど解像度が下がる!

画面いっぱい　　ちょっと小さい…　　豆粒みたい…

距離と解像度の関係をイメージ的にあらわしたイラスト。遠くなると解像度が下がる!

米国のタイコンデロガ級ミサイル巡洋艦。①の多角形平面の物体がSPY-1のアンテナで、前後の構造物に合計4面配置されている。また、②の皿型の物体2つがAN/SPG-62イルミネイターのアンテナで、前後構造物に2基ずつ置かれている(写真/U.S. Navy)

第3章 地対空／艦対空ミサイル

指令誘導と高度な終末誘導の組み合わせ

レーダー誘導との併用（SARHの場合）

米海軍イージス駆逐艦による防空戦闘。
索敵監視レーダーにより艦対空ミサイルを
誘導（指令誘導）し、終末段階でイルミネ
ーターにより目標を「照らす」。

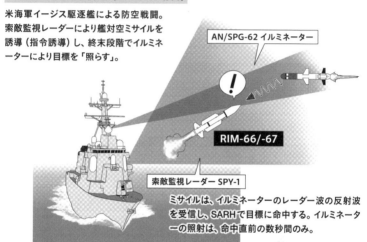

ミサイルは、イルミネーターのレーダー波の反射波
を受信し、SARHで目標に命中する。イルミネータ
ーの照射は、命中直前の数秒間のみ。

TVM誘導

迎撃体がレーダー受信機を備える。捉え
たレーダー反射波から目標との相対位置
を把握し、指揮処に送信。指揮処は軌道
計算を行い、迎撃体を目標へと誘導する。

標にべったり張りついて照射するイルミネイターは必要ないため、複数目標への対処が可能となる。この方式は、米国の「MIM-104 ペイトリオット」などで採用されている。

地対空／艦対空ミサイルの技術

3.3 対空ミサイルの弾頭

■破片で撃ち落とす破砕式

　誘導方式に続いて、対空ミサイル（空対空／地対空／艦対空）の弾頭と信管について、それぞれ解説していく。

　まず、弾頭は破砕式が基本となる。これは榴弾と同じ原理で、目標に直撃することを期待しているわけではなく、目標の近くで爆発し、破片を周囲に飛び散らせることで、その破片の運動エネルギーによって目標を仕留める方法だ。対空ミサイルで破砕式が基本となる理由は主に2点ある。まず、目標とする航空機やミサイルが高速であり、直撃が難しいこと。一方で、航空機は構造が脆弱であることから、破片でも充分に損害を与えられること。地上の強固な陣地や装甲車輌を攻撃するのとは、ずいぶんと違いがあると言える。

　弾頭が有効な打撃を与えられる「致死範囲」は、弾頭の大きさによるが、誘導の精度が高く目標の至近で爆発できるなら小型の弾頭でもよく、逆に精度が低い場合には大きな弾頭が必要となる。

■弾道弾迎撃に用いられる直撃式

　しかし、破片弾頭が通じない相手が存在する。弾道弾だ。これは1991年の湾岸戦争で明らかになった。

　この戦争では、イラクがイスラエルに向けて短距離弾道弾（ソ連邦製「P-17 [R-17]」と、その改良型）を発射し、「MIM-104 ペイトリオット」による迎撃が行われたが、その「戦果」は惨憺たるものだった。完全に撃ち漏らしたものも多かったが、想定通りに近接で爆破できた場合でも、破片程度では超音速で落下してくる弾道弾の運動エネルギーは巨大なため、阻止することができなかった

第3章　地対空／艦対空ミサイル

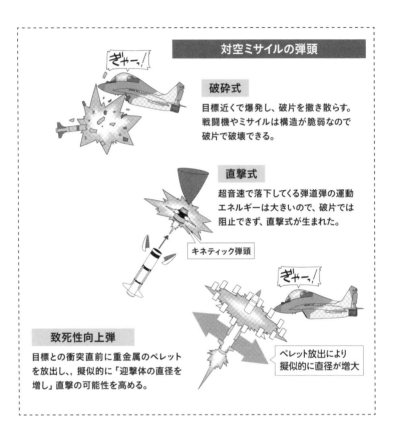

のだ。

　そこで、以降の弾道弾迎撃ミサイルは、直撃により目標を仕留める方法へと変化する。破片ではなく、迎撃体本体の運動エネルギーによって目標を破壊するものだ。この手段を「hit to kill」と呼ぶ。直撃式は、命中すれば確実に目標を仕留めることができる一方で、その誘導技術にはきわめて高い精度が求められる。まさに、現代だからこそ実現できた迎撃手段とも言える。

■ **迎撃体を「巨大化」させる致死性向上弾**

　直撃式の場合、単純に考えれば迎撃体が「巨大」であるほど、目標と衝突する確率が上がる。しかし現実には、迎撃体が巨大になると加速性能も運動性能も悪くなり、そもそも目標を追いかけることが難しくなってしまう。実際、前述したMIM-104でも、弾道弾迎撃用に改良された迎撃体は、加速性能と運動性能を高めるため、以前の破砕式のものより大幅に小型化されている。

　そこで、弾頭に重金属のペレットを内蔵し、目標との衝突直前にこれを炸薬によって周囲に放出する弾頭が開発された。破砕式のように広くバラ撒くのではなく、「迎撃体の直径が増した」かのように放出される。つまり、衝突の瞬間だけ迎撃体が巨大になるのと同じ効果を生み、直撃する可能性を高めるというものだ。これを「致死性向上弾 (lethality enhancer)」と呼ぶ。

■ **核弾頭**

　直撃できるほど誘導技術が高くはなく、しかし破砕式では仕留められない場合に、核弾頭を使うという手段がある。

　初期のものは、弾道弾なみの巨大な核出力の弾頭により、大量のX線とγ線を発生させて、目標を焼き尽くす方法が採られたが、のちに中性子弾頭が採用された。これは低出力ながら大量の中性子を放出するもので、これにより敵ミサイルの弾頭の制御機器を破壊もしくは誤作動させて無力化する。

　このような核弾頭搭載の迎撃ミサイルは、ソ連邦／ロシアが、首都モスクワを米国の核弾頭搭載弾道弾から防衛するために設置した、弾道弾迎撃システムで採用されている [※3]。

3.4　対空ミサイルの信管

■ **近接信管**

　次に信管について解説する。破砕式弾頭に最適な信管が「近接信管」だ。近接信管は第2次世界大戦期に米国によって開発され、対空砲の砲弾の信管として使われた。日本軍がこれに苦しめられたことを、ご存じの方も多いのではないだろうか。

※3：核弾頭による弾道弾迎撃に使われる中性子弾頭について、拙著『核兵器』(明幸堂)にてより詳しいメカニズムを解説している。また、モスクワの防衛システムについては同『ソヴィエト超兵器のテクノロジー 航空機・防空兵器編』(イカロス出版)をご覧いただきたい。

第3章　地対空／艦対空ミサイル

　目標の近接で作動するためには、目標に接近したことを知る必要がある。手段にはいくつかあるが、対空ミサイルに使われる近接信管の主流は電波式だ。信管内に発信機と受信機が組み込まれ、自身が発信した電波が目標に当たって戻ってきた反射波を受信する。このとき、目標が移動しているためドップラー効果[※4]により発信した電波と反射波の波長には「ずれ」が生じ、この異なる波長の電波を合成すると波の強弱が周期的に変化する「うなり」という現象が起きる。近接信管は、このうなりの「値」の大きさをもとに「どの距離で起爆させるのか」を調整できる。つまり、起爆距離を破片による致死範囲に設定しておけばよいというわけだ。

　近接信管の変わり種として、起爆距離の測定にレーザー距離計を使うものもある。これは電波を反射しにくくしているステルス機[※5]にも有効であり、ロシア軍が現行で使用する主力空対空ミサイル、R-77とR-73（第2章）に使われている。下の写真は、R-73のレーザー距離計用の光学窓である。

■**無線信管**

　指令誘導ならではの信管として、「無線信管」がある。ようするに、指揮処が無線信号で起爆を指令する方式だ。指令誘導では、指揮所が目標も迎撃体も、どちらの位置も把握しているので、両者が迎撃体の致死範囲内に接近したときに起爆信号を送信すればよい。

　この方式は、電波送受信機などを搭載する近接信管に比べ、迎撃体の信管の構造を簡素化できるメリットがある。

ソ連邦／ロシア軍のR-73短射程空対空ミサイル。矢印で示した側面の四角い窓にはレーザー距離計が搭載されている（写真／多田将）

※4：ドップラー効果とは、「移動する物体が発する波（音、電波、可視光などすべて）は、近づくときは波長が短くなり、遠ざかるときは波長が長くなる」というもの。つまり、迎撃体は目標に対して近づいていくため、自身が発信した電波より、反射波の波長は短くなる。

※5：より正しくは「電波がもと来た方向に反射しづらい」というもの。ステルス機は電波を反射しないわけではなく、電波の発信源（レーダー）の方向に反射しにくいように設計されている。

地対空／艦対空ミサイルの発展史

3.5 地対空ミサイル

[ソ連邦／ロシアの地対空ミサイル]
■米空軍と対峙するための分厚い防空ミサイル群

第2次世界大戦後、圧倒的に強大な米国空軍を相手にしなければならなかったソ連邦にとって、地対空ミサイルによる本土防衛網の構築は最優先の課題だった。特に日独を屈服させた米国戦略爆撃機部隊を迎え撃つには不可欠であり、地対空ミサイルによる防空システム（発射機・レーダー・指揮処を含んだ複合的システム）を最初に実用化したのも、他国とは比較にならない規模で配備したのも、ソ連邦だった。

ロシア語では、地対空ミサイルシステムを「対空ロケット複合体（Зенитный Ракетный Комплекс、ЗРК）」と呼ぶ。特にソ連邦は「戦略防空（国土防空）」を担う独立した軍種である「防空軍」を設け、専用の迎撃機（迎撃用戦闘機）と防空システムを運用した。一方で戦場において地上部隊を守る「戦術防空（野戦防空）」は陸軍が担当した。

冷戦最盛期にソ連邦が配備していた防空システムは、防空軍が9,600基、陸軍が4,300基、さらに戦略任務ロケット軍［※6］が弾道弾防御用として100基を有し、米国と比較しても「一桁多い」膨大なものだった。とうぜん、実用化したシステムの種類も多く、巻末の一覧表を見るとわかる通り、ソ連邦／ロシアの地対空ミサイルは豊富だ。このうち、「S-〇〇」と型式番号が振られているのが戦略防空用（防空軍）、それ以下が野戦防空用（陸軍）である。

■重厚な戦略防空システム

戦略防空システムの第一の目標である爆撃機は、冷戦初期には第2次世界大戦同様に高高度から爆撃を行うものだった。そのため、より高い高度の、より高速の敵を迎え撃てるように進化する。また、野戦用と異なり決まった場所（重要な施設や都市）を守るので、機動性・可搬性は重視されず、指揮処を中心に大型のレーダーと発射装置を組み合わせた、重厚な構成となっている。

※6：戦略任務ロケット軍とは、戦略核兵器（大陸間弾道弾と中距離弾道弾）を運用する独立軍種。

第3章　地対空／艦対空ミサイル

　最初の本格的な戦略防空システム「C-25 [S-25]」(1955年運用開始) は首都モスクワ防衛のため、都市を中心に二重の円状に合計56基が固定配置された。しかし、重厚すぎてモスクワにしか配備できなかったため、続く「C-75 [S-75]」(1957年制式採用) は発射機をトラックで牽引できる程度には小型化された。設置や運用が手軽となったことで、S-75は、本国に大量配備されただけでなく、40カ国以上に輸出され、現在でも20カ国近くで運用され続けている。いわば、旧東側諸国 (非西側諸国) にとっての標準的な防空システムとなったのである。

　S-75の戦果で特に知られているのが、1960年5月のU-2偵察機撃墜だ。米国によるソ連邦本土の偵察飛行は、それまで、U-2の飛行高度の高さからソ連邦は迎撃することができなかった。そのU-2をS-75が撃墜したことは、防空システムの進化を示す象徴的な事件となった。また、S-75はヴェトナム戦争下の北ヴェトナムに95基が配備され、米軍による北ヴェトナム爆撃の大きな障害となった [※7]。このS-75のレーダーサイトを破壊するため、米国は対電波放射源ミサイルを開発・発展させていく (対電波放射源ミサイルについては第6章で解説する)。

　S-75の改良型「C-125 [S-125]」(1961年制式採用) は、さらにコンパクトになり、迎撃体「B-600 [V-600]」の発射重量は1トンを切った。その手軽さから、多くの国で運用され、なかでも1999年3月にセルビア軍所属のS-125が、米軍のF-117ステルス攻撃機を撃墜する戦果をあげている。現在にいたるもステルス機が撃墜された事例は、この1例のみである。

　S-25 / -75 / -125系統とは別に開発された、より長射程の防空システムが「C-200 [S-200]」だ。その射程は200kmにもおよぶ。1967年運用開始の古いシステムだが、2024年2月にウクライナ軍のS-200がロシア軍早期警戒機A-50を撃墜したと報道された。旧式で現代戦闘機相手には鈍重なミサイルだが、運用次第では大型機相手にまだまだ活躍の余地があることを示した事例と言えるだろう。

　そして、上記の2系統を統合した中射程 (改良型からは長射程) の防空システムが、1970年代に登場し、現在でも使用され続けている「C-300 [S-300]」

※7:S-75による撃墜数はソ連邦の推計で1,293機、北ヴェトナムの推計で1,046機におよぶ。

だ。S-300には多くのヴァリエイションがあるが、戦略防空システムで使われるのは発射機を装輪車輌に搭載した「C-300П [S-300P]」系統となる（以降、S-300PM、S-300PMUと改良・発展され現在に至る）。S-300の特徴は同一の発射機から複数種の迎撃体を運用できることだ。初期の「5B55 [5V55]」（終末誘導はSARH）に始まり、小型・高機動で航空機／巡航ミサイル迎撃用の「9M96 [9M96]」（同：ARH）、弾道弾迎撃も可能な「48H6 [48N6]」（同：TVM）など、誘導方式の異なる迎撃体が運用できる。

　ロシア時代に入り、その後継として開発されたのが「C-400 [S-400]」で、同様に複数種の迎撃体を運用できる。「9M96 [9M96]」「9M100 [9M100]」が航空機／巡航ミサイル迎撃用（終末誘導は前者がARH、後者はIRHに加え指令誘導による軌道補正も可能）。「48H6M／ДM [48N6M／DM]」は弾道弾迎撃用で、このうちDM型は秒速4,800m（中距離弾道弾の再突入速度に相当）の目標とまで交戦可能（終末誘導はSARH）。そして、「40H6 [40N6]」が長距離迎撃用で、380km先の目標まで交戦できる（終末誘導はARH）。また、これら迎撃体のうち9M96／9M100のみ発射できるようにした簡易型として「C-350 [S-350]」がある。さらに、S-400の進化型として「C-500 [S-500]」が開発中だ。こちらは大陸間弾道弾の迎撃や、低軌道の人工衛星の撃墜も可能とされ、極超音速滑空体や極超音速巡航ミサイルとも交戦できる。

■多層的に構成された野戦防空システム

　次に陸軍が運用する野戦防空について解説する。冷戦期、ソ連邦軍は米国を中心としたNATOの圧倒的な航空戦力のもとで自軍を活動させる必要から、膨大な量地対空ミサイルを運用していた。それは、仮に自軍の航空戦力が劣る場合でも、敵の航空戦力を跳ねのけ、あるいは「最低限、敵に航空優勢を取らせない」ためのものだった。現在も続くウクライナ戦争において、航空戦力に劣るウクライナ側がロシアの航空優勢を阻んでいる背景には、こうした「ソ連邦時代の遺産」が大きく影響している。

　ソ連邦の野戦防空システムの特徴は、長射程・中射程・短射程の地対空ミサイルと、さらに近距離をカヴァーする高射砲を組み合わせた多層的防空網にある。第4次中東戦争では、ソ連邦式防空網を築いたエジプト軍が、イスラエ

ル空軍を苦しめている。

　まず近接防空システムは、ソ連邦時代の自走対空機関砲を経て、現在は機関砲と対空ミサイルと組み合わせた対空ミサイル・機関砲複合体「2K22 [2K22]」（1982年制式採用）や、それを発展させた「96K6 [96K6]」（2012年制式採用）が運用されている。ミサイルを組み合わせたのは、攻撃ヘリコプターの対戦車ミサイルにアウトレインジされないためだ。

　次に連隊レヴェルで運用する短射程防空システムは、1960～70年代に「9K31 [9K31]」や「9K35 [9K35]」が開発された。どちらも誘導方式はIRH式だが、9K31は単に熱源を追うのではなく、目標と背景（空）の赤外線分布の違いを利用した複雑な手段を採用している。これを「**フォトコントラスト（фотоконтраст）**」式と呼ぶ（9K35は同方式とIRHの併用）。

　師団レヴェルでは中射程の「9K33 [9K33]」（1971年制式採用）と、後継の「9K330 [9K330]」（1986年運用開始）を運用している。これは指令誘導式の電波誘導を用いる。さらに長射程を担当するのが、軍／方面軍レヴェルで運用する「2K11 [2K11]」や「2K12 [2K12]」（どちらも1960年代に採用）、その後継である「9K37 [9K37]」（1979年制式採用）である。9K37は改良が続けられて、現在でも9K330とともにロシア軍の主力野戦防空システムとなっている。9K37の後継として2008年に「9K317M [9K317M]」が登場している。

　野戦防空システムで最大射程を有するのが、前述したS-300の野戦版「C-300B [S-300V]」で、中距離弾道弾の迎撃能力まで備える。1988年より運用を開始した。さらに、改良型の「C-300BM [S-300VM]」は射程200kmにも達する。

［米国の地対空ミサイル］
■陸軍が担当した国土防空システム

　米国の国土防空システムおよび野戦防空システムは、冷戦期を通じてどちらも主に陸軍が運用していた。国土防空システムの開発開始は、なんと1945年2月に遡る。欧州や太平洋での戦争が続くなかで、すでに米国は対空ミサイルにより爆撃機の脅威から本土を防衛する「ナイキ」計画を構想していた。「ナイキ」とは、ギリシア神話の勝利の女神「ニケ」の英語読みである。このナイキ計画

3.5 地対空ミサイル

により、今に続く防空システムの基礎が確立された。すなわち、2組のレーダーを使い、片方が探知を、もう片方が迎撃体の誘導を担う方式だ [※8]。

ナイキ計画のもと、1954年に就役した米国初の本土防空システムが「MIM-3」だ。高空の爆撃機を迎え撃つため、ブースターで超音速まで加速したのちに迎撃体自身のエンジンに点火する二段式となっている。MIM-3の発射サイトは、地下にある弾薬庫からエレベーターで地上発射台へと迎撃体が送られる大掛かりなもので、「MIM、Mobile Intercept Missile (機動式迎撃ミサイル)」の名に反して機動性は一切なかった。

続いて、MIM-3のブースター部を4本束にしたものが1958年より配備された「MIM-14」だ。射程は3倍、射高は2倍、速度は1.5倍まで向上した。また、この新型が登場したことで、MIM-3には「ナイキ・エイジャックス」、MIM-14には「ナイキ・ハーキュリーズ」という愛称が与えられた [※9]。なお、当時の防空システムのレーダーは解像度が低く、レーダーで指定できる範囲が弾頭(破砕式弾頭)による「致死範囲」より広いという問題があった。そのため通常弾頭

米国初の本土防空システムMIM-3「ナイキ・エイジャックス」(上)と、その発展型であるMIM-14「ナイキ・ハーキュリーズ」(下)。どちらも高空を飛行する敵爆撃機を撃墜するため、大きなブースターを備えているが、爆撃機運用の変化により退役する
(写真／New Jersey Department of Military and Veterans Affairs)

※8: 前者は「低出力取得レーダー (LOw-Power Acquisition Radar、LOPAR)」、後者は「目標追尾レーダー (Target Tracking Radar、TTR)」と「ミサイル(迎撃体)追尾レーダー (Missile Tracking Radar、MTR)」で構成される。

※9: どちらもギリシア神話の英雄の名で、エイジャックスはアイアス (Αἴας)の、ハーキュリーズはヘラクレス (Ηρακλῆς)の英語読みである。

で迎撃できる確率は低く、米本土のMIM-14には核弾頭（W31弾頭）が搭載されている。

本土および欧州や極東（日本）へ配備が進められたMIM-14だったが、重大なパラダイム・シフトに直面する。戦略攻撃の中心が、爆撃機から弾道弾へと移ったのだ。弾道弾を迎撃できないMIM-14は70年代を通して順次、本土では退役した。弾道弾以外の脅威も想定された欧州では80年代まで配備が続いたが、爆撃機運用のトレンドが高高度侵攻から低空侵攻に変化したことで、ブースターで高空まで打ち上げる方式のMIM-14では迎撃が困難となってしまう。

空軍も独自に防空システムを開発した。それが「CIM-10 ボマーク」だ。CIMは「Coffin Intercept Missile」の略だが、「Coffin」とは棺の意味である。シェルターに水平に納められた状態から、天井を開いて鉛直に起き上がり発射することから、このような名称になったと思われる。また、CIM-10は「地対空無人航空機（Ground to Air Pilotless Aircraft、GAPA）」計画の一環として開発され、当時は「無人迎撃機（pilotless interceptor）」と呼ばれていた。そのため初期には「F-99」という戦闘機同様の型式番号が与えられた。誘導方式は指令誘導で、弾頭には核弾頭（W40弾頭）を装備した（A型には通常弾頭型もあり）。1959年に就役し、1972年に退役している。

■野戦防空システムに冷淡な米国

ソ連邦と対照的に、米国は野戦防空にきわめて冷淡だった。その理由はまさにソ連邦が熱心に取り組んだ理由の裏返し、すなわち「制空権を米空軍が確保するのが当然」であるためだ。その圧倒的な航空戦力があるために、そもそも米軍は制空権の無いところで戦うことを想定していなかった。したがって、冷戦期の純粋な野戦防空ミサイルとしては中射程の「MIM-23 ホーク」[※10]と、短射程の「MIM-72 チャパラル」（空対空ミサイルAIM-9の車載型）くらいしか無い。

MIM-23は1959年に就役し、西側には他に適当な野戦防空ミサイルが無いこともあり、各国に広く普及した。

※10:「ホーク（HAWK）」は、Homing All the Way Killer（あらゆる手段で誘導する攻撃者）のバクロニム。

■野戦防空から弾道弾迎撃まで幅広く対処するMIM-104

　MIM-23の後継として開発されたのが「MIM-104 ペイトリオット」だ（欧州や極東ではMIM-14の後継ともなった）。MIM-14よりはるかに軽量小型のシステムで、発射機・レーダー・指揮処が車載され、本来の意味の通りの「Mobile（機動式）」防空システムとなった。愛称の「ペイトリオット（Patriot）」は「愛国者」の意味だが、同時に「Phased Array Tracking Radar to Intercept On Target（目標迎撃用フェイズド・アレイ追跡レーダー）」のバクロニムともなっている。その名の通りAN/MPQ-53 フェイズド・アレイ・レーダーが本システムの心臓部であり、ナイキ・シリーズで複数のレーダーが分担していた役割を1基で担う性能を有していた。誘導方式はTVMだ。

　MIM-104は、配備以来改良が続けられ、その段階を「Patriot Advanced Capability（ペイトリオット能力向上）」の頭文字をとって「PAC-○」のように表示する。また、迎撃体も「MIM-104A / B / C…」と段階を追って発展している（図表参照）。順を追って見ていこう。

　基本モデルとなる迎撃体がMIM-104Aで固体燃料1段式、近接信管を備えた破砕弾頭を搭載する。続くMIM-104Bでは、電子妨害を行う目標への対処機能が組み込まれた。そして、PAC-1では、迎撃体はB型のまま、探知・追尾のアルゴリズムとレーダーのソフトウェアが改修されている。

　次にPAC-2では弾道弾への対処能力が強化され、迎撃体はMIM-104Cに変わる。破砕弾頭で飛び散る破片の寸法を大型化（2gから45gへ）し、近接信

■MIM-104ペイトリオット：能力向上と迎撃体

システム	迎撃体	特徴
初期型	MIM-104A	就役当初より搭載されていた迎撃体
PAC-1	MIM-104B	電子妨害を行う目標への対処能力を獲得
PAC-2	MIM-104C	対弾道弾能力を強化。破片を大型化
PAC-2	MIM-104D	シーカーの高性能化。低RCS目標にも有効
PAC-2	MIM-104E	D型をさらに高性能化。

管にはそれぞれ弾道弾と航空機に対応する2種類の電波を使う新型が搭載された。さらにMIM-104Dでは、シーカーを改良して、よりレーダー反射断面積の低い目標に対して有効となり、この能力はMIM-104Eでさらに向上する。

進化を続けたMIM-104だったが、1991年の湾岸戦争においてイスラエルに撃ち込まれたイラク軍のR-17弾道弾（およびその改良型）の迎撃で、惨憺たる結果を残す。そこで、根本的に迎撃体を改めた弾道弾迎撃に特化したシステムへとつくり変えたPAC-3が誕生する。PAC-3については3.8節で解説する。

3.6 携行式地対空ミサイル

■小型軽量ゆえに性能も限定的

携行式地対空ミサイルは、人間が抱えて発射するため、それが可能な重量に迎撃体と発射機を収めなければならない。そのため、迎撃体はきわめて軽量小型で、弾頭・エンジンともに小さく、破壊力は限られ（すなわち致死範囲が狭い）、射程も短い。発射機もまた小さくする必要があるため、複雑な誘導装置を組み込むことはできない。このような制約のなかで最適な誘導方式が、赤外線誘導だ。これなら、発射後に射手側は何もする必要がない「撃ち放し」となり、迎撃体側も複雑で重いレーダーを搭載しなくて済む。

とはいえ、小型の赤外線誘導式空対空ミサイルであるAIM-9ですら、発射重量は80kgを超えるため、これよりはるかに小さなミサイルを開発する必要がある。そのため、通常の地対空ミサイルと比較して誘導能力は限定的であり、初期のころは航空機の排気のような高温部分しか追尾できず、通り過ぎた航空機を後ろから追いかけることが精一杯だった。だが近年では、電子機器の発達によりセンサーや計算機の小型化が進んだことで、以前よりは高性能化が進んでいる。あらゆる方向からの追尾が可能となり、フレアなどの妨害にも欺瞞されにくくなった。また、赤外線誘導式空対空ミサイル同様に赤外線画像誘導能力を持つものまで現れている。

巻末の一覧表を見ればわかる通り、誘導方式は米国・ソ連邦／ロシアともIRHで占められている。なお、英国は異質で、一貫して指令誘導方式を採用しており、70年代に登場した「ブローパイプ」は手動式（MCLOS）、80年代以

降に登場した後継の「ジャヴェリン」と「スターバースト」で半自動式（SACLOS）となっている。これはもちろん「撃ち放し」というわけにはいかず、射手は照準器を目標に向け続けなければいけない（手動式のブローパイプでは、親指でジョイステックを操作し、ミサイルを目標に導く必要もあった）。

3.7　艦対空ミサイル

■艦対空ミサイルの役割──艦隊防空と個艦防空

艦対空ミサイルには大きく分けて、艦隊全体の広範囲の防空を担う「艦隊防空システム」と、自艦を守る「個艦防空システム」がある。迎撃体そのものの区分は意外に曖昧で、射程距離の違いによって分けることもある。

部隊運用の面で言えば、「防空専用艦」の存在はきわめて大きく、米海軍では艦隊防空ミサイルを運用する艦の艦種記号に、誘導兵器を表わす「G（Guided）」の文字が付属する。巡洋艦（Cruiser）なら「CG（ミサイル巡洋艦）」、駆逐艦（Destroyer）なら「DDG（ミサイル駆逐艦）」といった具合だ。つまり、米海軍は艦艇搭載の誘導兵器のもっとも重要な役割を、艦隊防空だと考えていたわけだ。

一方で個艦防空システムも疎かにできない。これが有効に機能しないと、遠くの空を護っているさなかに、自分の足許を掬われかねないからだ。ウクライナ戦争で撃沈されたロシア海軍のロケット巡洋艦 [※11]「モスクワ」が、まさにその状況にあったと言われている。

［ソ連邦／ロシアの艦対空ミサイル］
■地上の防空システムを艦艇搭載用に改修

ソ連邦／ロシアの艦艇用防空システムは、地上の防空システムを艦載用に改修したものが基本だ。これは合理的な考えだと言える。ソ連邦初の艦隊防空システムは60年代初めに運用を開始した「M-1 [M-1]」で、これはS-125を艦載化したものだ。その改良型が「M-11 [M-11]」で、60〜70年代前半に登場した艦艇に搭載されている。80年代には、9K37の艦載版である「M-22 [M-22]」が導入された。

※11：ソ連邦／ロシアの「ロケット巡洋艦」は、西側のミサイル巡洋艦に相当する。

第3章 地対空／艦対空ミサイル

1164型ロケット巡洋艦に搭載された艦対空ミサイルS-300Fの発射装置（矢印）。円筒形コンテナ8本が環状に配置された、リヴォルヴァー式の鉛直発射装置となっている
（上写真／National Archives、下写真／多田将）

S-400の艦載版である9K96は、西側同様にコンテナ式の鉛直発射装置となった。写真は22350型フリゲイト。130mm単装砲の後ろの発射装置が9K96。なお、艦橋手前は3S14汎用発射装置。3S14は第4章で解説
（写真／Ministry of Defence of the Russian Federation）

地対空ミサイルの解説ではS-300について字数を割いたが、画期的な防空システムだけに、当然ながら艦載版も開発されている。それが「C-300Ф[S-300F]」だ（「Ф」は「艦隊（Флот）」の意味）。70〜80年代の艦艇に搭載された。S-300が発射コンテナを鉛直に立てて発射したように、S-300Fも鉛直のコンテナから発射される。これは世界初の鉛直発射システムであり、米国のMk41鉛直発射装置（VLS）より9年早く実用化されている。S-300のコンテナそのままに、円筒形コンテナ8本が環状に配置され、それらがリヴォルヴァー式拳銃のように回転し、発射位置に置かれたものから順に発射されるという、複雑かつ特徴的な機構となっている。

　S-300Fで迎撃体を誘導するのが「3P41[3R41]」フェイズド・アレイ・レーダーで、1基あたり3目標と同時交戦可能とされる。前述した「モスクワ」（1164型ロケット巡洋艦）も1基を搭載しており、攻撃を防げなかったのは、3発以上の対艦ミサイルによる同時攻撃を受けた可能性もある。また1基では、レーダーのカヴァー範囲（角度）が限定されることも影響したかもしれない [※12]。

　S-300の改良型であるS-400の艦載版「3K96[3K96]」では、リヴォルヴァー構造から一般的なコンテナ発射式となった。こちらは2000年代以降に就役した新世代艦の標準的な艦隊防空システムとなっている。

　個艦防空システムも、やはり地対空ミサイルシステムを艦載用に改修して導入された。もっとも広く普及した、ある意味でソ連邦艦艇の標準装備とも言えるのが9K33の艦載版である「4K33[4K33]」だ。冷戦後期になると、次世代の個艦防空システムとして9K330の艦載版である「3K95[3K95]」が登場する。3K95は、S-300Fと同様の8連装鉛直リヴォルヴァー式を採用している。

[米国の艦対空ミサイル]
■大小の防空艦による多層的な防空網

　前述した通り、米海軍では艦隊防空システムを搭載した艦種にミサイルを意味する「G」の記号を付与している。一方で、個艦防空システムや対艦ミサイル、対潜ミサイルを搭載しても「G」は付与されない。その理由は、その他のミサイルに比べて艦隊防空システムが早期から導入されていたためだ。

　米海軍は、それだけでたいていの国の空軍力を上回り、他のどの国も保有し

※12:「モスクワ」の3R41レーダーは艦後部に置かれており、前方が死角となる。

ていない強力な空母機動部隊を10以上も運用する、比類なき巨大海軍だ。しかし、同時に空母は「大きな的」でもあり、それを護衛できてこそ、その能力を最大限に発揮できる。もちろん空母自体に迎撃機を搭載し、強力な防空能力を持つが、同時に巡洋艦や駆逐艦といった護衛艦艇に艦隊防空システムを搭載することで、多層的な防空網を築きあげている。

■艦隊防空システムの発展──イージス・システムの登場

最初に実用化された艦隊防空システムは、「バンブルビー計画」のもと開発された「RIM-8 タロス」で、1958年から運用が開始された。愛称はギリシア神話の青銅の巨人に由来する。「AN/SPG-49」目標探索・追尾レーダー/イルミネイターと、「AN/SPW-2」ミサイル誘導レーダーから構成されるシステムは巨大で、搭載には巡洋艦程度の船体が必要だった。また、RIM-8の開発途中で、エンジンをより簡易な構造とした「RIM-2 テリア」もつくり出された。番号から分かる通り、こちらのほうが先に実用化されている（1956年配備）。RIM-2は巡洋艦と一部の駆逐艦に搭載された。

そのRIM-2を小型化したものが「RIM-24 ターター」で、1962年より運用が始まる。これにより駆逐艦にも搭載できるようになった。ターターとはタタール（モンゴルなどの遊牧民）の英語読みだ。

上記の防空システムは、当時としては優秀なものだったが、致命的な弱点があった。それは複数の目標と同時交戦できないことだ。大量の対艦ミサイルによる同時攻撃を旨とするソ連邦海軍（第4章）を相手にする以上、これは大きな問題だった。そこで、複数目標との同時交戦が可能な防空システムを目指して生み出されたのが、現代でも世界最高の艦隊防空システムである「イージス戦闘システム」である[※13]。イージス（Aegis）とはギリシア神話の知恵の女神アテナが父神ゼウスより授けられた盾「アイギス」に由来する。

イージス戦闘システムは「イージス兵器システム（Aegis Weapon System）」と「イージス対航空機戦闘機能（Aegis Anti-Aircraft Warfare capability）」、および迎撃体発射機から構成される。イージス兵器システムの「顔」とも呼べるのが「AN/SPY-1」レーダーで、特徴的な8角形の平面状レーダーアンテナを持

※13：イージス戦闘システム以前に、複数目標と同時交戦が可能な防空システムとして「タイフォン」計画が進められていたが、大掛かりなシステムとなってしまったことから、仕切り直しが図られ、イージス戦闘システムへと繋がる。

つ [※14]。艦橋構造物の4面に設置され360度をカヴァーし、1面につき最大200目標、合計最大800目標を追尾できる（59ページの写真参照）。「単一目標としか交戦できない…」と悩んだ末に、このようなものを開発してしまうのだから、米国は加減というものを知らない。

イージス・システムを搭載する艦艇としては、タイコンデロガ級巡洋艦（1983

■スタンダード：型式とブロック

迎撃体の型式	ブロック	システム	発射機
RIM-66A	SM-1MR I〜IV	ターター	Mk26
RIM-66B	SM-1MR V	ターター	Mk26
RIM-66C	SM-2MR I	イージス	Mk26
RIM-66D	SM-2MR I	ターター	Mk26
RIM-66E	SM-1MR VI	ターター	Mk26
RIM-66G	SM-2MR II	イージス	Mk26
RIM-66H	SM-2MR II	イージス	Mk41VLS
RIM-66J	SM-2MR II	ターター	Mk26
RIM-66K1	SM-2MR III	ターター	Mk26
RIM-66K2	SM-2MR IIIA	ターター	Mk26
RIM-66L1	SM-2MR III	イージス	Mk26
RIM-66L2	SM-2MR IIIA	イージス	Mk26
RIM-66M1	SM-2MR III	イージス	Mk41VLS
RIM-66M2	SM-2MR IIIA	イージス	Mk41VLS
RIM-66M5	SM-2MR IIIB	イージス	Mk41VLS
RIM-67A	SM-1ER I	テリア	Mk10
RIM-67B	SM-2ER I	テリア	Mk10
RIM-67C	SM-2ER II	テリア	Mk10
RIM-67D	SM-2ER III	テリア	Mk10
RIM-156A	SM-2ER IV	イージス	Mk41VLS
RIM-156B	SM-2ER IVA	イージス	Mk41VLS
RIM-161A	SM-3 I	イージス	Mk41VLS
RIM-161B	SM-3 IA	イージス	Mk41VLS
RIM-161C	SM-3 IB	イージス	Mk41VLS
RIM-161D	SM-3 IIA	イージス	Mk41VLS
―	SM-3 IIB	イージス	Mk41VLS
RIM-174	SM-6	イージス	Mk41VLS

※14：搭載する艦艇に合わせて、巡洋艦用のAN/SPY-1AまたはB、駆逐艦用のAN/SPY-1D、フリゲイト用に小型化したAN/SPY-1F、コルヴェット用に更に小型化したAN/SPY-1Kがある。

第3章　地対空／艦対空ミサイル

年就役）とアーレイ＝バーク級駆逐艦（1991年就役）がそれぞれ建造され、現在では米海軍の巡洋艦と駆逐艦のすべてがイージス・システム搭載艦となっている［※15］。

　イージス・システムで運用される迎撃体が「RIM-66 / -67」だ。中射程のRIM-66がRIM-24の、ブースターを追加した長射程のRIM-67がRIM-2の後継となる。両者共通で「スタンダード（Standard、標準）」の愛称を得たが、まさに以降の米海軍の、いや世界の艦対空ミサイルの「スタンダード」となった偉大なミサイルである。

　この迎撃体は、当初はターターやテリアで運用するために登場し、「SM-1 (Standard Missile 1)」と呼ばれた。射程の違いから、RIM-66を「SM-1MR (Medium Range、中射程)」、RIM-67を「SM-1ER (Extended Range、延長射程)」としている。これらはターター／テリア・システムに合わせて最初からSARHだったが、イージス・システムのため中間誘導に慣性航法を取り入れた改良型が登場する。これは、指揮処側の負担を減らし、多目標と同時交戦できるようにするためだ。このタイプはそれぞれ「SM-2MR / ER」と呼ばれる。終末誘導で目標を「照らす」役割を担うのは、艦に複数設置された「AN/SPG-62」イルミネイターである。

　迎撃体の発射機には、当初はRIM-24と同じアーム式のMk26発射機が使われていたが、2発ずつしか発射できず、次弾装填に時間がかかるため、多目標同時交戦能力を活かすことができなかった。そこで開発されたのが西側初の鉛直発射システムである「Mk41 VLS」だ。矩形断面の発射コンテナを8×8に並べて甲板下に収納するもので、まさに「弾倉からそのまま発射する」といったディザインだ。これにより1秒1発の連続した速射が可能となり、同時交戦能力が飛躍的に向上した。

　なお、Mk41は艦対空ミサイルだけでなく、対地巡航ミサイルや対潜ミサイルなど、さまざまなミサイルを発射できる点が優れており、こうした「汎用性」は、さすが米国の兵器だと言えるだろう。

　Mk41は当初、SM-2ERを運用することができなかった。そこで同ミサイル

※15: イージス・システムは艦隊防空システムの名前であり、艦種はあくまでも「巡洋艦」「駆逐艦」となる。「イージス艦」という表現は適切ではない。

をMk41でも発射可能とした「RIM-156」が開発された。さらに、このRIM-156にAIM-120（第2章）のシーカーを搭載し、ARH化したものが「RIM-174」である。これにより、イルミネイターに頼らずとも迎撃体単独で迎撃が可能となり、より一層、多目標同時交戦能力が向上した。また、イルミネイターの電波の届かない、水平線の向こうの目標との交戦も可能となった。このRIM-174は「SM-6」と呼ばれる。

また、イージス・システムは弾道弾防御システムとしても活用されるようになるが、それについては3.8節で詳しく述べる。

■空対空ミサイルを転用した個艦防空システム

もともと米海軍は個艦防空システムを持たず、1960年代初めに短射程の地対空ミサイル「MIM-46 モーラー」と艦載型「RIM-46 シーモーラー」を計画したが、ともに中止となってしまった。しかし、1967年にイスラエル駆逐艦「エイラート」がソ連邦製対艦ミサイルによって撃沈される事件が発生した。これに衝撃を受け、超特急で開発が行われた。

それが空対空ミサイルAIM-7を艦艇発射式に改修した「RIM-7 シースパロー」であり、発射機は対潜ミサイル用のもの、射撃指揮装置は航空機用のものをそれぞれ手直ししただけという応急ぶりだったが（のちに専用発射機が開発される）、非常によくできたシステムとなり、西側に広く普及している。

さらに1990年代には発展型となる「RIM-162」も開発される。「ESSM (Evolved Sea Sparrow Missile、発展型シースパロー)」の名でも知られ、推力偏向ノズルの採用で最大50Gの機動を可能としている。また、より近距離の防空システムとしてAIM-9をもとにした「RIM-116 RAM (Rolling Airframe Missile)」も開発されている。

3.8　弾道弾防御システム

■意外に古い弾道弾防御の歴史

本章の最後に、弾道弾防御システムについても簡単に触れておく。弾道弾防御は、我が国では近年になって配備されたため、一般に新しい兵器であるよう

に思う人が多いかもしれないが、ソ米では1970年代から実戦配備されてきた歴史ある兵器だ。では、現在でも難しいと言われる弾道弾迎撃を、そんな昔にどのように実行していたのか。前述したように、当時は核弾頭を搭載し、核爆発によって敵の弾頭を無力化するものだった。

その特殊性から配備数に上限（100基）を設ける条約［※16］も締結されたが、米国は自主的に全廃している。一方でソ連邦は配備を続け、現在でもロシアがその装備を維持し続けている。

［ソ連邦／ロシアの弾道弾防御システム］
■一貫してモスクワ防衛に配備

ソ連邦の弾道弾防御システムは、これまで見てきた防空システム同様に、目標を発見・探知するレーダー、迎撃体を誘導するレーダー、そして迎撃体で構成される。ただし弾道弾が地球規模の攻撃を行うことに対応して、これらシステムの規模も巨大だ。

発見・探知のためのレーダーは、早期警戒レーダーと呼ばれ、国内全土に配置されている。その探知距離は数千kmにも達する。さらに、レーダーではないが赤外線検知器を用いた早期警戒衛星もあり、弾道弾発射時に放出される熱をキャッチすることで、米国の弾道弾発射を察知する。

一方、迎撃体を誘導するレーダーは、迎撃体と対になって開発されている。最初の弾道弾防御システムは「A［A］」で、レーダーは「ドナウ2」と呼ばれる。Aは1960年には弾道弾迎撃の試験に成功したが、実戦配備には至らず、最初に配備されたのは「A-35［A-35］」（迎撃体は「A-350Ж［A-350Zh］」）であり、レーダーは「ドナウ3M［3M］」となる。その改良型が「A-35M［A-35M］」（迎撃体は「A-350P［A-350R］」）で、レーダーは「ドナウ3У［3U］」となる。

現在配備されているのは、さらなる改良型の「A-135［A-135］」で、迎撃体はA-350Zhの系列である長射程の「51T6［51T6］」と、短射程の「53T6［53T6］」を備える。短射程の53T6は、弾道弾が地表に到達する直前であるターミナル・フェイズ［※17］での迎撃となるため、その加速力はどの対空ミサイルより凄まじく、最高速度マッハ17（！）までわずか4秒、迎撃高度30kmまでわずか6秒で達する。現時点で、ターミナル・フェイズの大陸間弾道弾を迎撃できるのは、

※16：「弾道弾迎撃ミサイル制限条約（ABM条約）」は1972年に締結された。
※17：弾道弾の軌道は3段階に分けられている。ロケットで加速され、楕円軌道に乗せるまでが「ブースト・フェイズ」、エンジンの燃焼が終了し、宇宙空間で楕円軌道を描く「ミッドコース・フェイズ」、そして、大気圏に再突入する「ターミナル・フェイズ」と言う。

世界で唯一53T6だけである［※18］。レーダーは「ドン2H［2N］」を用いる。また、後継となる「A-235［A-235］」が開発中で、ここまでの迎撃体がすべて核弾頭搭載であったのに対して、A-235では直撃式の通常弾頭も使用されるようだ。

［米国の弾道弾防御システム］
■弾道弾防御システムを廃止した冷戦時代

3.5節で述べたように、本土に対する脅威が戦略爆撃機から弾道弾へと変化するなかで、米国の防空システムも、弾道弾に対応することを迫られる。当時すでに配備されていた地対空ミサイルMIM-14をもとに、宇宙空間で弾道弾を迎撃するため、3段式の固体燃料ロケットにより、射程740km、射高560kmを実現し、これまでのナイキ・システムとは完全な別物へと進化する。

誘導方式はMIM-14同様に指令誘導ではあるものの、超高速の弾道弾を追跡するため、アンテナが機械的に動く従来のレーダーではなく、電子走査式のフェイズド・アレイ・レーダーが採用された。弾頭には最終的に5MTもの核出力を有するW71核弾頭を搭載した。計画は当初「ナイキ・ゼウス」と称したが、のちに「センティネル」、そして「セイフ・ガード」へと変化し、最終的に「LIM-49 スパルタン」として制式採用された。

また、LIM-49が撃ち漏らした場合に、より低高度での迎撃を意図したシステムも開発され、こちらは「スプリント」と呼ばれる（型式番号は無し）。迎撃体は2段式の固体燃料ロケットで、最高速度はマッハ10に達する。こちらは弾頭にW66中性子弾頭を備え、中性子によって目標の電子機器を損傷させることを狙った。

ソ連邦が首都モスクワを守るために弾道弾迎撃ミサイルを配備したのに対して、米国は大陸間弾道弾発射施設（地下サイロ群）を守ることを目的として、両システムをノースダコタ州に配備していた。しかし、1975年から運用が開始されたものの、翌76年には早くも廃止された。この一カ所を守っても、他の大陸間弾道弾サイロや重要施設は守れず、また本土上空で核爆発を起こすシステムには、大気汚染や電磁パルスによる甚大な被害が想定されるからだ。結局、

※18：弾道弾は射程数百kmの短射程のものから、1万kmを超える大陸間弾道弾まで、さまざま存在するが、射程が長いものほど高速となる。射程がもっとも大きい大陸間弾道弾は、弾道弾のなかでも速度が著しく速く、迎撃が難しい。

第3章　地対空／艦対空ミサイル

米国はソ連邦の戦略核兵器に対しては、同等の報復を持って応じる核抑止によってこれを阻止する方針へと転換し、21世紀に至るまで、戦略兵器に対する直接の防御システムを持つことはなかった。

■冷戦後──脅威の多様化による弾道弾防御の必要性

　風向きが変わったのは冷戦後のことだ。核兵器と弾道弾の技術が拡散し、ロシア以外の国や勢力も米本土を攻撃する可能性が高まった。また技術の進歩により、核弾頭ではなく直撃式弾頭による迎撃が可能となった。ただし、注意してもらいたいのは、以下の迎撃システムは少数の弾道弾には対処可能だが、ロシアのような核大国による本格的かつ大量の弾道弾攻撃には、対処能力を超えてしまい、ほぼ迎撃は不可能ということだ。

「少数の弾道弾攻撃」を防ぐためとはいえ、さすが米国は重厚で多層的な防御システムを開発している。まず、加速を終え比較的速度の遅いミッドコース・フェイズ用に2つの防御システムを配置している。大陸間弾道弾をも迎撃できる「地上配備式ミッドコース防御（Ground-based Midcourse Defense、GMD）」と、前述した「イージス・システム」だ。GMDで使用される迎撃体は「GBI（Ground Based Interceptor、地上配備式迎撃体）」と呼ばれ、まるで弾道弾のような外観は「弾道弾に対しては弾道弾で迎え撃つ」と言わんばかりだ。3段式の固体燃料ロケットで弾頭を楕円軌道に乗せ、IIRHによる終末誘導で目標に直撃する（加速中は慣性航法）。本稿執筆時点で44基のGBIが配備されており、主にユーラシア大陸からアメリカ本土へ至るルートの中間地点であるアラスカに置かれている。

　イージス・システムでは、艦対空ミサイルRIM-156をもとに弾道弾迎撃能力を備えた「RIM-161（SM-3）」を開発した。前述のLIM-49がMIM-14から開発されたことに似ている。こちらも3段式のロケットで加速して楕円軌道に乗せたあと、IRHによって目標に激突する。SM-3 はブロック I、ブロック IA、ブロック IB、ブロック IIA、ブロック IIB と段階的に発展しており、ブロックIでは中距離弾道弾をその標的としていたが、ブロックII以降は大陸間弾道弾をも迎撃対象としている。

3.8 弾道弾防御システム

米国ミサイル防衛局が作成した弾道弾迎撃ミサイルのインフォグラフ。ミッドコース・フェイズをSM-3とGBIが、ターミナル・フェイズではTHAADやPAC-3（および一部をSM-3）が担う（図版／Missile Defense Agency）

次に、ターミナル・フェイズには、「THAAD」と「PAC-3」の2層の防御網を敷いている。前者が高空を、後者が低空を担当する。また、交戦可能な目標速度からすると、THAADは中距離弾道弾まで、PAC-3は短距離弾道弾までに対応できる。どちらも車載・可搬式であり、必要なときに必要な場所に展開することができる。「THAAD」は「Terminal High Altitude Area Defense（ターミナル高高度領域防御）」の略で、「高高度」とあるように、射高 150 km と、再突入直前の大気圏外での迎撃を行う。誘導方式は、途中まで慣性航法で飛行し、終末誘導は画像式の IIRH を用いる。

PAC-3は3.5節でも紹介したMIM-104から発展した迎撃ミサイルだが、迎撃体はまったく別物（直径で60％程度、発射重量は1/3）となっている。超音速の弾道弾を迎撃するため、高速性と機動性を追求した結果だ（その代わり、射程は短くなっている）。誘導方式は、TVMからTHAAD同様の慣性航法＋ARHへと変化し、また指揮システムの処理能力や通信能力を格段に向上させて、ターミナル・フェイズの「わずか数秒間の勝負」に対処できるよう改良されている。

なお、弾道弾の迎撃に関しては、拙著『弾道弾』（明幸堂）や『ソヴィエト超兵器のテクノロジー 航空機・防空兵器編』（イカロス出版）にて詳しく解説している。

第3章　地対空／艦対空ミサイル

イスラエルの多層的防空網

■ロケット弾から中距離弾道弾まで

ソ米に加えて、イスラエルの防空システムについても解説しておく。周囲を敵国に囲まれた同国は、20世紀には幾度も地上戦・航空戦を展開したが、近年は弾道弾による戦略攻撃の脅威が高くなっている。特に、最大の敵であるイランは、イスラエルから遠く離れているために、攻撃手段がほぼミサイルに限られるという事情もある。加えて、もうひとつの重要な脅威として、ヒズボラをはじめとする反イスラエル武装勢力による頻繁なロケット弾攻撃もある。前者は中距離弾道弾を用いるため落下速度が速く、迎撃の難易度が高い。後者は近距離であるため対処時間がきわめて短く、しかも大量に発射してくる。この両方を相手にしなければならないという特殊事情から、同国は独自に開発した多層的な防御網を構築している。

もっとも内側の防空システムが「Kipat barzel (英語名 Iron dome)」だ。4km以上70km以内を飛行する砲弾・迫撃砲弾・ロケット弾・航空機・無人航空機など、あらゆる飛行物体を探知し、それらを脅威度で分類し、高脅威と判断したものに迎撃体を向かわせる。システムは、指揮ユニット、EL/M-2084探知／追尾レーダー1台、迎撃体発射機 (20連装) 3基から構成される。迎撃体は「Tamir」という名前で、指令誘導で飛行し、終末誘導はIRHだ。

中段の防空システムが「Kela David (英語名 David's Sling)」で、その名は伝説的な古代イスラエルの王ダヴィデの投石器に由来する。ペイトリオットの後継であり短距離弾道弾を低高度 (大気圏内) で迎撃する。終末誘導には、ARH、IIRH、光学画像誘導 (第5章) を組み合わせ、弾頭は直撃式である。

もっとも外側を担うのが、米国の協力のもとに開発された「Hetz (英語名 Arrow)」と呼ばれる弾道弾防御システムだ。中距離弾道弾に対する迎撃能力を有する。最初に開発されたHetz-1は実戦配備されず、改良型のHetz-2が2000年より配備された。Hetz-2の終末誘導はIRH (高空用) とARH (低空用) を併用する。また、弾頭は直撃式ではなく破砕式だ。最新型が2017年に運用開始したHetz-3で、米国のTHAADのように大気圏外で迎撃を行う。

第4章

対艦ミサイル

■プラットフォームと目標
プラットフォーム：航空機、艦艇（水上および潜水艦）、車輛
目標：水上艦艇

■誘導方式
●さまざまな中間誘導
照準用海洋レーダーシステム MRSTs-1
海洋監視複合体 17K114「レゲンダ」
海洋監視複合体 14K159「リアーナ」

第4章　対艦ミサイル

米空母撃沈を目標としたソ連邦の対艦ミサイル

対艦ミサイルは、その発射プラットフォームにより、空対艦（Air-to-Ship Missile、ASM）、艦対艦（Ship-to-Ship Missile、SSM）、地対艦（Surface-to-Ship Missile、SSM）の3種類に分類できる。現代でこそ、世界中に広く普及した兵器だが、冷戦期には西側と東側できわめて温度差のあった兵器だ。この背景には、米国の圧倒的な海軍力や、ソ連邦の戦略がある。

当時、ソ連邦においては、米国に対する切り札である戦略兵器を効率よく運用することが重要視されていた。この戦略兵器の双璧が大陸間弾道弾と海洋発射式弾道弾であり、海洋発射式弾道弾は戦略潜水艦（ソ連邦では「戦略任務ロケット水中巡洋艦」）に搭載して運用される。これら戦略潜水艦は、北極海とオホーツク海に潜んで発射指令を待つのが基本だったが、そのためにはこれらの海を米国が手出しできない「聖域」とする必要があった。つまり、「米海軍の誇る強力な空母機動部隊をこの聖域に近づけさせないこと」がソ連邦軍にとって至上命題となったのである。この目的を達成するため、ソ連邦では米国の航空母艦やその護衛艦艇を撃滅する対艦ミサイル（ソ連邦では「対艦有翼ロケット」）が異常発達を遂げることになった。

米国の空母機動部隊は世界でほかに比肩すべき者のない無敵の艦隊であり、特にその中心にある航空母艦は、護衛艦艇や護衛航空機の厚い防御網に守られたアンタッチャブルな存在だった。1942年の南太平洋海戦以降、米国の正規航空母艦が沈められた例は無い。そんな米航空母艦を撃滅すべく、ソ連邦が考え出した方法は、その防御網の領域外から大量の対艦ミサイルを「撃って撃って撃ちまくる」戦法だった。

「防御網が100発のミサイルを迎撃できるとしたら？」に対する回答が、「**だったら101発を撃ち込めばいい**」という、実に「**漢らしい**」答えだ。

そのため、ソ連邦の対艦ミサイルは、長射程で超音速、一撃で航空母艦に致命傷を与えられるほどの強力な弾頭を搭載し、そして爆撃機・潜水艦・水上艦艇など、ありとあらゆるプラットフォームから「立体的に」発射するよう運用されていた。また、並行して護衛艦艇や単独行動の艦艇も狙えるよう、短射程で小型な「普通の」対艦ミサイルも多数配備されている。1950年代以降、ソ連

邦はこれら多様な対艦ミサイルを次々に生み出していった。

■**実は導入が遅かった米国の対艦ミサイル**

一方で、「狙われるほう」の米海軍はというと、現在からは想像もつかないかもしれないが、1977年に「RGM-84 ハープーン」が就役するまで、対艦ミサイルを持っていなかった。その米国が対艦ミサイルへの認識を改めるきっかけとなったのが、1967年10月21日にエジプト海軍がイスラエルの駆逐艦「エイラート」を撃沈した事件だったと言われる。まさにソ連製の対艦ミサイルP-15によって実行されたその攻撃は、それまでも研究中だった対艦ミサイル開発を本格化させた。

また、この事件で注目すべき点は、P-15を放ったのが排水量80トン程度の小型艇だったことだ。そのような小型艇ですら、はるかに巨大な駆逐艦を撃沈せしめる兵器——それが本章で扱う対艦ミサイルなのだ。

ソ連邦／ロシア海軍の1164型ロケット巡洋艦（写真は2012年撮影の「モスクワ」）。甲板上に対空母用大型対艦ミサイルP-1000用の連装発射機を左右各4基、合計16発を搭載する。同国の「撃って撃って撃ちまくる」戦法の一翼を担う重武装艦（写真／Ministry of Defence of the Russian Federation）

第4章　対艦ミサイル

対艦ミサイルの誘導方式

4.1 「見えない目標」に至る中間誘導

■地平線の先の目標を狙う

第2章・第3章で解説した対空ミサイルは目標が空中にあり、とても見通しのよい状態であったのに対して、対艦ミサイルの目標となる艦艇は海水面にへばりついているため、誘導にあたって「地平線（水平線）問題」が関わってくる。

射程を長くとる場合、攻撃側が空中（空対艦）であるならば見通しはよいが、水上（艦対艦）や地上（地対艦）である場合には、攻撃側（発射機）と目標が互いに「水平線の向こう側」にあって、どちらも「相手が見えない（レーダーが届かない）」状態で戦闘するという状況が生じる（見通し距離は、観測する高さによって変化するが、艦艇の場合でおおよそ30〜40km）。

したがって、発射機側からの指令誘導やTVM、またSARHなどの誘導方式は使えない。また、ミサイルが低高度で飛行する場合、目標に接近するまでは、ミサイル自身からも目標は見えない。対艦ミサイルの場合、目標から発見されないように海面近くを飛行するため、なおさらだ。そこで、艦対艦ミサイルの誘導方式の基本は、目標近くまでの大部分の行程は慣性航法によって飛行し、目標が見えたらARHに切り替える方式となる。

■より「高所」からミサイルを誘導する

しかし、ソ連邦で開発された射程数百kmにもおよぶ長射程対艦ミサイルは、上記とは異なる誘導方式を用いている。発射直後の「発射機（艦艇）から見えている」範囲は指令誘導、目標への攻撃直前の「相手が見える」ところはARH、そして、そのあいだのどちらも見えていないところは、発射艦艇以外の手段を使って誘導するという三段構えの方法だ。

この「発射艦艇以外の手段」とは、具体的には、まず航空機がある。航空機なら発射艦艇よりさらに前進することが可能で、何より高空から見渡すことができるため、はるか遠くまで観測が可能だ。この発想は、戦艦同士が砲撃しあっていた時代に、水上観測機で弾着を観測していたのと同じものと言える。ソ連邦で

4.1 「見えない目標」に至る中間誘導

地平線問題と中間誘導

地平線の先の目標を狙う

目標が地平線（水平線）[※a]の向こう側にあって、発射機は「相手が見えない（レーダーが届かない）」状態での攻撃となる。さらに対艦ミサイルは敵の探知を回避するため低高度を飛行するので、ミサイルからも相手が見えない。

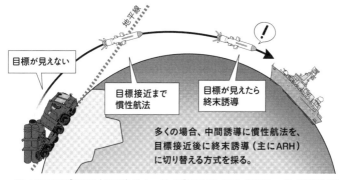

多くの場合、中間誘導に慣性航法を、目標接近後に終末誘導（主にARH）に切り替える方式を採る。

※a：ここで言う「地平線（水平線）」は、レーダーの「見通し線」のこと。実際のレーダーの見通し線は、レーダーの高さを基準に決まり、イラストのように地面（水面）基準でないことに注意。

海洋監視複合体「レゲンダ」

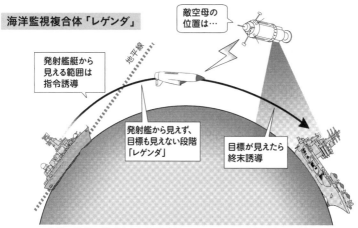

複数の衛星で構成された海洋監視システムであり、米機動部隊を捕捉し、対艦ミサイルを目標まで誘導する手段として使われた。ロシアは後継システム「リアーナ」の衛星の打ち上げを進めている。

はこの中間誘導のため「**照準用海洋レーダーシステム (МРСЦ-1 [MRSTs-1])**」[※1]が、対艦ミサイル用に開発された。開発の発令が1959年、運用開始が1966年となる。このシステムはTu-95RTs哨戒機やKa-25RTs艦載ヘリに搭載して運用された。

だが、この方式には「敵の制空権下では航空機が充分に活動できない」という致命的な欠点があった。なにより、相手にするのが世界最強の防空能力を誇る米空母機動艦隊なのだから。そこで人工衛星を用いた測的システムも開発された。それが「**海洋監視複合体17K114 [17K114]**」だ。愛称は「レゲンダ (Легенда、伝説)」だが、対艦ミサイルを航空母艦に命中させる、そのためだけに開発された、文字通り「伝説のシステム」と言えるだろう。

レゲンダは、敵艦艇などから放射される電波を捉えるパッシヴ・センサーを搭載した電子情報収集衛星「УС-П [US-P]」と、アクティヴなレーダーを搭載した偵察衛星「УС-А [US-A]」、2種類の衛星から構成された。このうちUS-Aはレーダーを稼働させる電力を得るため、原子炉を搭載していた。人工衛星単独での運用は1975年から、複合体全体としては1978年に始まる。1982年のフォークランド紛争では英国軍の活動を監視し、その情報収集に活躍したといわれる。しかし、衛星としての寿命からUS-Aは1990年代に、US-Pも2000年代に、それぞれ全機活動を停止した。

レゲンダに代わり新たに開発されたのが「**海洋監視複合体14K159 [14K159]**」で、「リアーナ (Лиана、蔓)」の愛称を持つ。レゲンダ同様に「電子情報収集衛星14Ф145 [14F145]」(愛称は「ロトスS」)と、「レーダー偵察衛星14Ф139 [14F139]」(愛称は「ピオンNKS」)から構成される。こちらは現用であり、14F145は2009年から、14F139は2021年から、順次打ち上げが行われている。

対艦ミサイルの技術

4.2 弾頭と信管

■船体内部に深く突き刺さる弾頭

対艦ミサイルの弾頭は、対空ミサイルとはずいぶんと異なる。艦艇は航空機

※1：ロシア語表記で「Морская Радиолокационная Система Целеуказания」。愛称は「ウスピフ (Успех、成功)」。

4.2 弾頭と信管

よりもはるかに巨大で頑丈であり、たとえば破片を撒き散らしたところで沈めることはできない。したがって直撃が前提となる。それも、艦艇の外壁に損傷を与えるのではなく、できれば艦内で爆発して内部に損傷を与えたい。そこで、艦艇の外壁を貫通して艦内へと侵入したあとで作動する信管が用いられている。遅延信管（delay fuse）と呼ばれるもので、着弾の衝撃を感知してから、少し時間を置いて起爆する。

遅延信管には、機械式と電子式がある。この信管は、着弾の際の衝撃によって発火する点火剤が、起爆剤を発火させ、その起爆剤が本体の爆薬を起爆させる仕組みとなっている。機械式の遅延信管は、点火剤と起爆剤とのあいだにもうひとつ火薬を挟み、その火薬の燃焼にかかる時間分を遅延させる、というものだ。電子式は、着弾の衝撃をセンサーで捉えて電気信号とし、電子機器内の時計で遅延分の時間だけ間隔を空けてから、電気的に起爆剤を作動させる。かつては機械式が使われていたが、現代では電子式が用いられている。

現代の戦闘艦は第2次世界大戦の軍艦のような分厚い装甲に覆われているわけではないが、それでも多くの隔壁で仕切られた艦内の奥深くまで侵入するためには、それなりに硬い殻を持った弾頭が必要となる。基本的には弾頭の弾殻

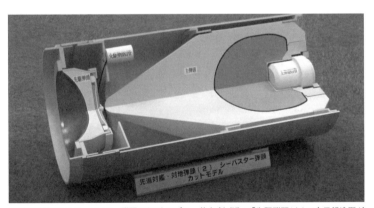

我が国が開発したシーバスター弾頭のカットモデル。前方（左側）に「先駆弾頭」として自己鍛造弾が設置され、これによって船体に孔を穿ったのち、主弾頭が船体内部に突入、爆発する
（写真／防衛装備庁Youtubeより）

第4章　対艦ミサイル

を厚くする（特に正面方向）ことで貫通力を高めている（貫通弾頭に関しては、第5章で詳しく解説する）。また、我が国では弾頭を二重化した「シーバスター弾頭」と呼ばれる対艦ミサイル用弾頭を開発しており、これは前方の自己鍛造弾（第8章）で艦体に孔を開けたあと、そこから後方の主弾頭を撃ち込むものである。

対艦ミサイルの発展史

4.3　空対艦ミサイル

[ソ連邦／ロシアの空対艦ミサイル]
■米空母撃沈のための大型・長射程・超音速ミサイル

ソ連邦の「撃って撃って撃ちまくる」は、空対艦ミサイルに始まる。とはいえ、本格的な空母を持たないため、陸上基地から発進する攻撃機や爆撃機を、対艦攻撃用として海軍が運用していた（なお、現在のロシアでは爆撃機は航空宇宙軍 [※2] に統合されている）。かつて我が国の海軍が陸上攻撃機による雷撃で米空母を攻撃したように、ソ連邦は対艦ミサイルでこれを行うことを考えたわけだ。

こうした背景から、ソ連邦の対艦ミサイルには、空母を一撃必殺する巨大な弾頭と、迎撃されにくくするための超音速性能、そして護衛部隊の防空圏外から攻撃できる長射程が求められたため、とにかく巨大化した。そのため、運用にも爆撃機なみの大型機が必要だったが、陸上基地からの運用を考えれば、航続距離の長い爆撃機は適任だったと言える。

初期の対艦ミサイルは、「無人航空機そのもの」といった容姿だった。1950年代に登場したソ連邦初の対艦ミサイル「KC-1 [KS-1]」は、MiG-15戦闘機にシルエットが酷似しており、また、1960年制式採用の「X-20 [Kh-20]」は、同じエンジンを搭載するSu-7戦闘機と兄弟のように瓜二つだった。その後は「ミサイルっぽい」形状へと移行するが、それでも航空機並みの巨大さは維持された。巻末一覧表の「全長」の欄に注目してもらいたい。また、これら空対艦ミサイル開発の多くを第155-1試作設計局（現：ラドゥガ設計局）が担当しているが、ここは戦闘機開発で知られたミグ設計局の一部門として誕生した設計局であり、

※2：ロシア航空宇宙軍は、2015年に空軍と航空宇宙防衛軍が統合して誕生した軍種。航空宇宙防衛軍は、宇宙関連のアセット（衛星や弾道弾防御システム）を指揮下に置いていた。

その意味でも「無人航空機」であることを象徴的に示している。

空対艦ミサイルで特筆すべきは、1962年から運用開始された「X-22 [Kh-22]」で、核出力350kTの核弾頭、もしくは1トン近い通常弾頭を搭載し、マッハ4で300kmの射程を飛行する。まさに「米国空母攻撃の切り札」とでも言うべきものだった。誘導方式はARHで、改良型のKh-22N以降は、途中まで慣性航法で飛行し終末誘導でARHまたはPRH（パッシヴ・レーダー・ホーミング、第6章）に切り替える方式となった [※3]。いずれにせよ「撃ち放し」が可能で、発射母機は発射後すぐに退避することができる。なお、レーダーを内蔵する先端部は電波を透過する材料（プラスチック等）でつくる必要があるのだが、マッハ4での飛行にともなう圧縮熱による空力加熱（400℃近くに上昇する）のため、ノーズコーン開発に苦労したようだ。

Kh-22は、発射後に上昇して成層圏（高度22.5kmと11.5kmの2つから選択

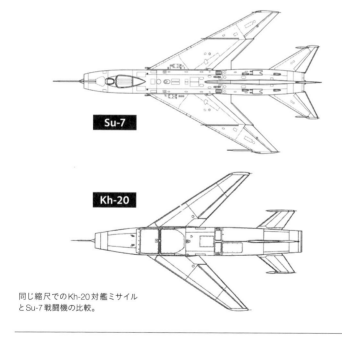

同じ縮尺でのKh-20対艦ミサイルとSu-7戦闘機の比較。

※3：Kh-22NおよびNAがARH、Kh-22NPがPRH方式を用いる。

第4章　対艦ミサイル

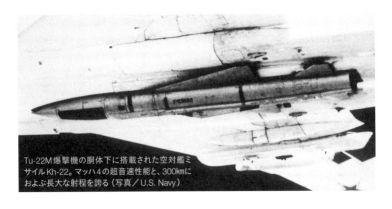

Tu-22M爆撃機の胴体下に搭載された空対艦ミサイルKh-22。マッハ4の超音速性能と、300kmにおよぶ長大な射程を誇る（写真／U.S. Navy）

可能）を巡航し、目標直前からダイヴする。なおKh-22N以降は巡航高度1kmも選べるようになったが、その場合は速度と航続距離が低下する。現在も続くウクライナ戦争では、Kh-22と後継の「X-32 [Kh-32]」がともに、地上施設の攻撃に使用されている。特に2022年6月のショッピングモール攻撃では、Kh-22が直撃する姿が映像に捉えられたが、急角度でダイヴするさまを確認することができる。また、Kh-22を小型化したものに「KCP-5 [KSR-5]」がある。

■より小型の汎用対艦ミサイル

爆撃機用の巨大なミサイルとは別に、攻撃機にも搭載できる常識的な寸法の空対艦ミサイルも開発されている。まず、「X-31A [Kh-31A]」は、対電波源放射源ミサイル（第6章）として開発されたKh-31Pの対艦ヴァージョンである。「A」は「активный (active)」を意味し、終末誘導がARHであることを示す。

また、「X-35 [Kh-35]」は、空対艦・地対艦・艦対艦として幅広く運用されている汎用対艦ミサイルであり、次節にて解説する。「X-41 [Kh-41]」も次節に登場するP-270の空対艦型である。

［米国の空対艦ミサイル］
■高い汎用性を持ったAGM-84 ハープーン

米国は当初は対艦ミサイル開発に冷淡だったが、本章冒頭で述べたエイラー

ト撃沈事件以降、急ピッチで開発に取り組んだ。そして、実に米国らしく、航空機・水上艦艇・潜水艦と、どのプラットフォームでも運用できる、汎用性の高いミサイルを生み出す。それが1970年代に登場した「AGM-84 ハープーン」だ（艦艇発射型は「RGM-84」、潜水艦発射型は「UGM-84」）。詳しくは次節の艦対艦ミサイルの解説で述べるが、AGM-84はR／UGM-84と異なりブースターを持たない。これは、航空機から発射された時点で、初速・高度とも充分に持っているためだ。なお、AGMは「Air to Ground Missile（空対地ミサイル）」の略で、米軍では対地・対艦まとめて「Ground（地上）」の語を用いている。

21世紀に入ると、新たな敵として中国海軍の存在が急浮上し、新型の対艦ミサイルが開発された。それが「長距離対艦ミサイル（Long Range Anti-Ship Missile、LRASM）」計画で、2009年より、亜音速と超音速、両者の開発を試みた。亜音速型は空対地ミサイルAGM-158（第5章）を対艦用に改造したもので「AGM-158C」として2018年に就役している。ステルス形状のミサイルで、最大の特徴は自律的に行動できる点にある。慣性航法を基本として、GPS、敵電波源からの電波（PRH、第6章）、そしてデータリンクを介した飛行途中での情報更新などをもとに、ミサイル自身が目標を認識する高度な「知能」を備える。終末誘導はIIRHである。一方で、超音速対艦ミサイルのほうは、2012年に開発中止となっている。

4.4　艦対艦ミサイル

［ソ連邦／ロシアの艦対艦ミサイル］
■大型艦対艦ミサイル──潜水艦重視から汎用へ

ここでは潜水艦も含めた艦艇から発射される対艦ミサイルについて述べる。まずは、ソ連邦から始めよう。同国は米空母機動部隊を相手にするにあたり潜水艦からの攻撃がもっとも有効であると判断し、きわめて重視していた。それは建造数にも表われており、ソ連邦海軍は最盛期には462隻もの潜水艦を運用し、そのうち巡航ミサイル運用艦［※4］は73隻にものぼった。しかも、1960年には9隻だったものが、1970年には68隻まで一気に増勢しており、いかに対空母攻撃兵器として潜水艦が重視されていたかを察することができる。また、

※4:ソ連邦海軍では「有翼ロケット水中巡洋艦」と呼ばれるが、本書では巡航ミサイル潜水艦と記す。

第4章　対艦ミサイル

ソ連邦らしい点として、「まずミサイルがあり、それを搭載するための潜水艦が設計」されている。潜水艦から航空機まで一律に運用できる汎用対艦ミサイルを開発した米国とは、実に対照的だ。

対空母用の潜水艦発射式大型対艦ミサイルの始まりは、対地巡航ミサイルP-5（第7章）を対艦用に改修した「П-6 [P-6]」だ（また、その水上艦艇発射型が「П-35 [P-35]」で、ともに1962年制式採用）。巡航速度マッハ1.5に達する超音速ミサイルであり、発見されてからの対処時間を短くすることで迎撃を困難にしている。仮に空母のマスト高を40mとした場合、水面上の目標に対する見通し距離は24kmとなる。その距離をマッハ1.5で移動するには47秒しかかからない。当初は、母艦からの指令誘導のため射程を活かすことができなかったが、のちにTu-95RTs哨戒機やKa-25Ts哨戒ヘリコプターによる中間誘導（4.1節）を採用した。

P-6/-35は、2つの系統に発展する。片方が、P-35の正常進化型と言える「П-500 [P-500]」であり、1975年に制式採用された。速度はマッハ2.5まで向上し、射程も2倍（550km）に延伸されている。これは米海軍艦載機の戦闘行動半径の延伸に対応したものだ。巡航時は燃費を稼ぐため高度5,000mを飛行し、目標近くで高度50mまで降下して、海面を這うように目標へと接近する。終末誘導にはARHを用いる。そのP-500の改良型が1987年に制式採用された「П-1000 [P-1000]」であり、構造材料にチタン合金を多用して軽量化し（弾頭も軽量化した）、かわりに燃料搭載量を増やして、射程をほぼ倍（1,000km）に延伸している。

もう一方の系統が「П-700 [P-700]」である（1983年制式採用）。実はP-500/-1000ともに、潜水艦は浮上して発射する必要があり、潜水艦の隠密性を損ねていた。対して、P-700は水中発射を可能とした。最大速度は高高度でマッハ2.5、低高度でもマッハ1.5を発揮する。誘導方式は、発射直後を母艦からの指令誘導、終末誘導にARHを用いるが、そのあいだの中間誘導に4.1節で解説した海洋監視複合体レゲンダを用いる。

また、P-700の特徴的な機能として「群れ」のように飛行するモードが存在する点が挙げられる。これは複数のP-700を発射した場合、うち1機が高空を

4.4 艦対艦ミサイル

■ソ連邦／ロシアの対空母用対艦ミサイルと搭載艦艇

	採用年	巡航ミサイル潜水艦	水上艦艇
P-6／P-35	58／60	651型、675型	ロケット巡洋艦58型、1134型
P-500	75	675MK／MU型	ロケット巡洋艦1164型、重航空巡洋艦1143型
P-700	83	949／949A型	重原子力ロケット巡洋艦1144型、重航空巡洋艦11435型
P-1000	87	675MKV型	ロケット巡洋艦1164型
P-800	98	汎用潜水艦885型	（汎用垂直発射機3S14搭載艦）
3M22	21	949A型（改装型）	（汎用垂直発射機3S14搭載艦）

「ロケット巡洋艦」は、対艦ミサイル（ロシア語で「対艦有翼ロケット」）を主武装とする艦艇。西側の「ミサイル巡洋艦／駆逐艦」が対空ミサイルを主武装としたのと対照的だ。また、「航空巡洋艦」は西側では「空母」と見做される。ソ連邦時代は対艦ミサイル専用の搭載艦艇・潜水艦が建造されたが、1990年代以降には汎用化が進んだ。

飛行して索敵などを担当して、データリンクにより、低空を飛行するその他のP-700を率いる、というものだ。まさに大量同時攻撃を前提とした機能と言えるだろう。さらに、P-700には目標の自己判断機能も搭載されており、仮に目標位置付近に複数の艦艇がいた場合、それらの大きさを計算し、最大の艦艇を目標に選ぶ。これは当然ながら空母を狙うための機能だ。

ソ連邦崩壊をまたいで開発されたP-700の後継が、「П-800 [P-800]」である。2002年に制式採用された。諸元を見た限り、P-700からの発展がみられないが、重要な点は、P-700で必要とされた大仰な発射システムが不要となり、汎用の鉛直発射機「3С14 [3S14]」で運用可能となったことだ。これにより小型艦艇にも搭載できるようになった。また、これには誘導方式が慣性航法とARHになり、艦艇側の負担が減ったことも寄与している。

一方で、現代の強固な防空システムを突破すべく、ロシアはマッハ8を超える速度で飛行する極超音速対艦ミサイルの開発も進めている。現在、精力的に発射試験が行われている「3M22 [3M22]」だ。前述した汎用発射機3S14から発射可能なため、これを搭載する新世代艦で運用できる。P-700を搭載していた潜水艦や巡洋艦も順次近代化改装により3S14発射機に換装している。この3M22と、4.1節で紹介した海洋監視複合体リアーナにより、ロシア海軍は

第4章　対艦ミサイル

21世紀においても最強の「空母キラー」であり続けるだろう。

■**小型艦対艦ミサイル**──**西側ミサイルに近い標準的性能**

　ここまで、対空母攻撃用の大型・超音速・長射程の対艦ミサイルを紹介してきたが、これらはシステムが巨大であり、搭載できる艦艇も大型のものに限られていた。一方で、ソ連邦は大陸国であり長大な海岸線を有していることから、海軍にはむしろ小型艦艇が多く求められた。そこで、こうした艦艇にも搭載できる、より小型の対艦ミサイルも開発された。それらはほとんどが亜音速で、射程も100km前後と、西側の対艦ミサイルに近い。

　水上艦艇用の対艦ミサイルは、1958年に制式採用された世界初の艦対艦ミサイルである「П-1 [P-1]」から始まる。P-1はミサイル本体も航空機に近い形状だが、搭載するSM-59発射機も「カタパルトそのもの」といった形状で、「ミサイルは無人航空機」を体現するようなシステムだった。ミサイル的な姿となるのは次の「П-15 [P-15]」で、1960年に制式採用された。誘導方式は慣性航法＋ARHまたはIRHだ。小型で扱いやすく、ロケット艇（ミサイル艇）のような小型艦艇にも搭載された。エイラート撃沈もP-15の輸出型によるものだ。

　潜水艦発射式では「П-70 [P-70]」とその改良型の「П-120 [P-120]」が、それぞれ1968年と1972年に登場する。P-70は世界初の水中発射可能な巡航ミサイルでもあった（最大発射水深30m）。両者とも、中間誘導を慣性航法で、終末誘導にARHを用いる標準的な対艦ミサイルの誘導方式となっている。

小型対艦ミサイルP-15。同ミサイルによるイスラエル駆逐艦「エイラート」の撃沈は、米国に大きな衝撃を与えた（写真／U.S. Navy）

以上は第52試作設計局（現：機械科学生産合同）が開発したものだが、1980年代には空対艦ミサイル開発で活躍したラドゥガが「П-270 [P-270]」を開発する。誘導は慣性航法＋ARHという標準的なものだが、航空機や海洋監視衛星を用いた中間誘導システムを利用することもできる。P-270の最大の売りはその高機動性で、最大60度の急旋回と、最大15Gの機動性を発揮し、蛇行軌道で目標に接近することができる。

　ロシア時代に入り、「汎用的」なミサイルが登場する。空対艦ミサイルでも紹介した「Kh-35」（海軍の型式番号は「3M24 [3M24]」）だ。寸法・性能とも米国のハープーンに近く、同様に空対艦・艦対艦・地対艦で幅広く運用できる。亜音速だが、海面すれすれの低高度を飛行することで発見され難くしており、飛行高度は10〜15mを基本としつつ、目標近くでは3〜5mまで高度を下げる。誘導方式は慣性航法＋ARHだ。

■**新世代の艦対艦ミサイル**

　また、ここまで紹介したミサイルとはまったく別系統の対艦ミサイルシステムが、2010年代に登場する。艦対地巡航ミサイルシステム3K10（第7章）から発展した「3K14 [3K14]」だ。3K14は「カリブル（Калибр、口径）」の愛称で知られ、その対地型はウクライナ戦争でも多用されている。米国のトマホークに近い汎用ミサイルであり、対艦・対地・対潜型がある。対艦型のミサイル本体には「3M54 [3M54]」の型式番号が与えられている。基本的には対地型（3M14）とほぼ同様だが、目標直前（ミサイル本体のレーダーで目標をロックオンした段階）でミサイル前部が分離し、この部分のみが超音速かつ低高度（10m）を蛇行しながら目標に突っ込むという独特の方式を採用している。

　3M54は前述した汎用発射機3S14に対応しており、これを搭載する新世代艦のすべてで運用可能で、また潜水艦の魚雷発射管からも発射できる。この汎用性の高さにより、以前のような専用の大型水上艦や巡航ミサイル潜水艦を必要としなくなった。

　余談だが、対空母用対艦ミサイルの愛称には、岩石の名前が使われている。P-70は「アメティスト（Аметист、紫水晶）」、P-120は「マラヒート（Мала-

第4章 対艦ミサイル

хит、孔雀石)」、P-500は「バザーリト(Базальт、玄武岩)」、P-700は「グラニート(Гранит、花崗岩)」、P-1000は「ヴルカン(Вулкан、火山)」、3M22は「ツィルコン(Циркон、風信子石)」だ。一方で、汎用対艦ミサイルの愛称は統一感が無い。P-1は「ストレラ(Стрела、矢)」、P-15は「テルミート(Термит、白蟻)」、P-270は「モスキート(Москит、蚊)」、Kh-35／3M24は複合体(3K24)の愛称が「ウラン(Уран、ギリシア神話の天空の神ウラヌス／天王星)」、3M54は複合体(3K14)の愛称が前述した通り「カリブル」だ。

[米国の艦対艦ミサイル]
■艦対艦ミサイルもハープーン(R ／ UGM-84)

百花繚乱といった様相のソ連邦／ロシアとは対照的に、前述した通り米国は対艦ミサイルを「ハープーン」1種に絞って、あらゆるプラットフォームに搭載した。

米国は対艦ミサイルを「ハープーン」1種に絞り、空対艦と艦対艦(潜水艦発射／水上艦艇発射)に用いた。写真は沿岸戦闘艦より発射されるハープーン(写真／U.S. Navy)

開発経緯は、繰り返しの述べているようにエイラート撃沈事件の影響が大きいが、実はそれ以前に原型となるミサイルが開発されていた。それは浮上した潜水艦を攻撃するためのミサイルで、潜水艦を鯨に喩え、鯨に突き刺す銛を意味する「ハープーン」の名が付けられた。研究開始は1965年だが、1967年のエイラート事件を受け、開発が本格化する。水上艦艇発射型のRGM-84は1977年、航空機発射型のAGM-84は1979年、潜水艦発射式のUGM-84は81年に、それぞれ就役している。

　前述したように艦艇発射用（水上／潜水艦）にはブースター（固体燃料式ロケット）が追加される。誘導方式は慣性航法＋ARHという王道の組み合わせだが、目標の正確な位置を入力して慣性航法で飛行する以外に、おおよその目標位置に発射して、ARHの索敵距離に入ったらミサイル自身が目標を探す、ということも可能だ。

　飛行経路は低空のほか、燃費向上のため高空を飛行する経路も選択できる。また、目標に突入する際には、低高度のまま艦艇の側面に衝突する方法と、直前でいったん上昇し、艦艇の上方から甲板に向けて衝突する方法とを選べる。ハープーンは、米海軍のすべての巡洋艦と駆逐艦に搭載されており、艦中央附近もしくは艦尾の、互い違いに向き合った2基の4連装発射機に収納されている。

　なお、「UGM」は「Underwater to Ground Missile（水中発射対地ミサイル）」の略だが、「RGM」はやや難解で「R」が水上艦艇発射を意味する記号で「R（水上艦艇）to Ground Missile」の意味となる。

　米海軍は、長らくこのハープーンだけを対艦ミサイルとして配備していたが、前節で述べたように21世紀に入りAGM-158Cを開発している。このミサイルには艦載版もあり、対艦ミサイルとしては初めて鉛直発射装置Mk41で運用可能となった。航空機から発射するよりも射程は短くなるが、それでも560kmの射程を持つと言われている。多様なミサイルを運用可能なMk41だが、これまで対艦ミサイルだけは搭載されていなかった。AGM-158Cの登場で、すべての用途のミサイルがMk41に統合されたことになる。

4.5 地対艦ミサイル

■地対艦ミサイルを配備する理由

　地対艦ミサイルの開発は、技術的に言えば艦対艦ミサイルを地上に配備するだけのため、艦対艦ミサイルを開発済みの国にとっては、敷居は低いと言える。長い海岸線を防衛するため、通常は車輌搭載型とし、戦局にあわせて必要な場所まで移動して発射される。この場合、指揮処も車載にして一緒に移動する必要があるが、対艦ミサイルの誘導方式の多くが慣性航法＋ARHであり、ミサイル本体で完結しているため、指揮処の負担がとても少なく、発射機と合わせて１台の車輌ですべてを完結させることもできる。

　一方で戦略的に見たとき、なぜ地対艦ミサイルが必要なのか、を考えなければならない。ひとつは、「地理的に特に重要な拠点がある」場合だ。たとえば、ソ連邦／ロシア海軍におけるオホーツク海が該当する。本章冒頭で同国海軍の第一の任務が北極海とオホーツク海の「聖域化」だと述べたが、このうちオホーツク海は、クリル諸島（千島列島）で太平洋と分断され、南はサハリンと北海道に囲まれている。仮に米艦隊がオホーツク海侵入を試みるとすれば、限られた海峡を通らざるを得ず、そこに地対艦ミサイルを配備することで阻止できる。

　次に、日本のように陸上国境のない島国であれば、侵攻する敵は必然的に艦艇を用いるため（航空機では重装備を大量に運べない）、まず敵艦艇の撃滅が防衛の第一歩となる。もちろん、防衛側に艦艇部隊も存在するわけだが、それに加えて地上にも対艦ミサイルがあれば、より多層的な防衛網を組むことができる。この場合は特に、敵の上陸地点に合わせて移動式であることが求められる。

　また一方で、ふたつの大洋に囲まれ、強力な海空軍を持つ米国は、地対艦ミサイルをこれまで保有していない。

［ソ連邦／ロシアの地対艦ミサイル］
■他の対艦ミサイルを転用して開発

　これまで述べた通り、ソ連邦は多くの対艦ミサイルを実用化しているが、ここから地対艦ミサイルに転用されるのは自然の流れというもので、新規に地対艦ミサイル専用に開発されたものは存在しない。

まず、ソ連邦初の空対艦ミサイルKS-1を地上発射型とした「4K87［4K87］」（1958年制式採用）に始まり、1966年にはP-35艦対艦ミサイルを搭載した地対艦ミサイル複合体「4K44［4K44］」が採用された。P-35（および潜水艦発射型P-6）が航空機により中間誘導されると説明したが、4K44も同様の中間誘導を用いる。終末誘導も同じくARHだ。また、小型の汎用艦対艦ミサイルとして紹介したP-15についても、後期型であるP-15Mを地対艦ミサイルシステムとした「4K51［4K51］」が1978年に採用された。4K51はP-15同様に慣性航法＋ARHもしくはIRHと、発射機側に負担が少ない。4K44が、長射程ながら発射機にレーダーや指揮車輌などを加えた大掛かりなシステムであるのに対して、4K51は短射程だが、ひとつの車輌にすべてをまとめたコンパクトなシステムで、P-15と同じく輸出も行われている。

ソ連邦時代には長射程の4K44と短射程の4K51を並列して配備していたが、ロシア時代に入り、それぞれの後継が登場する。4K44の後継が「3K55［3K55］」（2010年制式採用）で、ミサイルには前述した艦対艦ミサイルP-800が使われている。我々に身近なところでは、2016年に択捉島に配備されていた4K44が、3K55に置き換えられたとの報道があった。4K51の後継が「3K60［3K60］」（2008年制式採用）で、ミサイルはKh-35を搭載する。

■「モスクワ」撃沈——ウクライナの地対艦ミサイル

ソ連邦の系統に連なる地対艦ミサイルで外すことができないのが、ウクライナの「РК-360МЦ［RK-360MTs］」地対艦ミサイルシステムだろう。2022年4月、ロシア黒海艦隊の旗艦「モスクワ」を撃沈せしめたことで、一躍注目を集めた。同システムが搭載する「Р-360［R-360］」対艦ミサイルは、Kh-35をベースに開発されたものだ。「ベースに開発」と言っても直径からして異なるため、単なる改造ではなく、新たに設計し直したものだろう（巻末一覧表を参照）。

開発の総括は、ソ連邦時代からミサイル開発に携わってきたルーチ設計局が行い、各コンポーネントはすべてウクライナ国内の企業が開発・製造している。誘導方式は慣性航法＋ARHで、ターボファン・エンジンを搭載する点はKh-35と同様だ。巡航高度は10〜300mで、目標直前に3〜10mまで高度

第4章　対艦ミサイル

を下げて突っ込んでいく。弾頭重量は150kgと小型ながら、当たりどころや、被害艦側の対応の誤りがあれば、巨大な巡洋艦ですら沈めてしまうことは、「モスクワ」が示した通りだ。

　RK-360MTsの開発は2014年に開始された。そう、クリミヤを奪われた2014年だ。クリミヤは黒海最大の軍港セヴァストポリを擁しており、ウクライナは海軍を失っただけでなく、海からロシアに攻め込まれる危険に晒されてしまった（実際、2022年のウクライナ侵攻では、海路も活用された）。そうした危機感から急遽開始された地対艦ミサイルシステムの開発であり、2021年にプロトタイプが軍に納品されたばかりの、「出来立てほやほや」の新兵器だったのだ。

　2014年の屈辱から生まれ、ウクライナ侵攻直前に「間に合った」この地対艦ミサイルが、その目的どおりに、ロシア黒海艦隊旗艦を撃沈する戦果を挙げたことは、実にドラマティックなストーリーと言えるのではないだろうか。また、愛称の「ニェプトゥーン（Нептун）」は、ギリシア神話の海神ポセイドン／海王星を意味するが、もとになったKh-35の愛称が「ウラン（Уран）」、つまり天空神ウラヌス／天王星を意味するだけに、興味深い対比を成している。

ウクライナのR-360地対艦ミサイル。ロシアによって海軍艦艇を失った同国だが、このミサイルによりロシア黒海艦隊の旗艦「モスクワ」を撃沈する大戦果を挙げた（写真／ウクライナ国防省）

第5章

誘導爆弾と空対地ミサイル

■プラットフォームと目標

プラットフォーム：航空機
目標：地上施設（車輌を目標をするものは第8章で解説）

■誘導方式

●レーザー誘導

セミアクティヴ・レーザー・ホーミング（SALH）

●画像誘導

テレビ誘導
光学コントラスト式
赤外線コントラスト式 [※]

※：第2章2.2節の赤外線画像誘導（IIRH）、第3章3.5節のフォトコントラスト式誘導と同じもの。

第5章　誘導爆弾と空対地ミサイル

もっとも多用されてきたミサイル

本書の主役であるミサイルをはじめとする誘導兵器のうち、もっとも多用されてきたのが本章で扱う空対地兵器である。現代では、ひとたび戦争が始まったとしても、戦闘機同士の空中戦はめったに発生しないが、空襲は連日行われる。航空機による空から地上への攻撃は、きわめて高い効果があるからだ。その理由は、ひとつには敵に対して高所から見下ろすことで、目標選定や射程の面で有利にあること。もうひとつには車輌などより文字通り桁違いに高速であることだ。このため、第2次世界大戦の昔から、米国は圧倒的な航空戦力で敵を捻じ伏せることを作戦の第一としてきたし、それに強い自信を持ってきた。それだけに、世界最強の航空戦力をもってしても相手を屈服させられず、結果として敗北したヴェトナム戦争は、米国にとって衝撃的だっただろう。

そのような戦例があったにせよ、まず航空戦力で敵を叩き、そののちに地上戦に入るという戦い方は、近代戦の基本になっている。一方で、これに対する地上からの反撃（地対空ミサイル）は、第3章で見たように高度化しており、そのため空対地兵器もまた進化を続けている。その点にも注目しながら、お読みいただければ幸いである。

また、特に21世紀に入り、目標だけを破壊して、周囲への被害は最小限に止めることが求められるようになった。これは人道の観点からの要請ではあるが、そのために誘導兵器は欠かせないものとなっている。逆に考えれば、誘導兵器の精度が上がったからこそ、そのような「限定的」な攻撃が可能になった、とも言える。

本章では、この航空攻撃に使われる空対地兵器のうち、比較的短射程で、動かない地上施設を攻撃するものを取り扱う。動く車輌を攻撃する兵器については第8章で、長射程の巡航ミサイルについては第7章で、また、地上施設でも特に電波放射源（レーダーなど）を攻撃する兵器については第6章で取り扱う。これらを分けた理由は、その誘導方式が大きく異なるからである。

もっとも多用されてきたミサイル

空対地ミサイルと誘導爆弾の違い

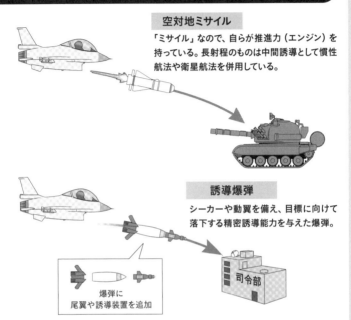

空対地ミサイル
「ミサイル」なので、自らが推進力（エンジン）を持っている。長射程のものは中間誘導として慣性航法や衛星航法を併用している。

誘導爆弾
シーカーや動翼を備え、目標に向けて落下する精密誘導能力を与えた爆弾。

爆弾に尾翼や誘導装置を追加

誘導爆弾は、推進力（エンジン）を持たない点が空対地ミサイルとの違い。エンジンが無いぶん安価かつ弾頭を大きくできる。既存の自由落下爆弾に誘導爆弾化キットを追加して誘導爆弾化することが多い。横長の翼を持ち、長距離を滑空できるものは滑空爆弾とも言われる。

米軍のGBU-12誘導爆弾（ペイヴウェイII）。Mk82 500ポンド爆弾の前方にレーザー誘導装置と操向のための動翼、後部に展開式の尾翼（安定翼）を追加している（U.S. Air National Guard）

誘導爆弾／空対地ミサイルの誘導方式

5.1 レーザー誘導

■地上目標にレーザー誘導を使う理由

まず最初に伝えておくと、もっとも一般的な誘導爆弾／空対地ミサイルの誘導方式が、「**セミアクティヴ・レーザー・ホーミング (Semi-Active Laser Homing、SALH)**」だ。第2章で解説したSARHと名前がよく似ているが、あれと同様のことを電波ではなくレーザーを用いて行うものだと考えてよいだろう。

レーザーは直進性が高く、レーダーより精度の高い照準が可能であるため、車輌のような小さな目標を狙うのに適している。その精度を比較すると、レーダーが十数m、レーザーは数mである（空対空ミサイルは近接信管で攻撃するため、この精度でも充分に目標を破壊できる）。なお、本章で後述するテレビ誘導はさらに高精度を実現できる。

また、地上には様々な物体（建物や車輌）が密集していることが多いため、そのうちのどれを目標とするのか、レーダーを使ってミサイル自身が判断することは難しい。空中にいる戦闘機や、水面上にいる艦艇を攻撃するのとは、ずいぶん事情が違う。そのため、対空ミサイルや対艦ミサイルに使われているARHは使い難い。

■レーザーの原理①：物体を光らせる

「レーザー (laser)」とは何か。まず、そこから解説していく。レーザーとは「Light Amplification by Stimulated Emission of Radiation（誘導輻射による光増幅）」の略だが、これはどういう意味だろうか。そもそも光を得るには、何らかの方法で「物質から光を出させる」必要がある。

ひとつに熱を加えるという方法がある。第2章の赤外線誘導の解説で「あらゆる物体はその温度に応じて電磁波を放出」しており、「常温では、その電磁波の中心波長が赤外線領域」であることを述べた。この物体の温度を上げていくと、数千度の高温になったところで、放出する電磁波の中心波長が可視光となる。熱した鉄が輝いたり、白熱電球や太陽が光を発したりするのは、このためだ（こ

5.1 レーザー誘導

レーザーの原理

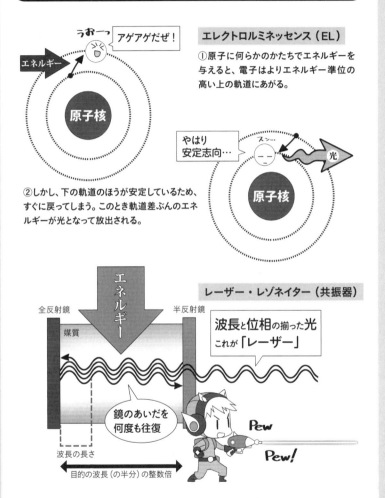

エレクトロルミネッセンス (EL)

①原子に何らかのかたちでエネルギーを与えると、電子はよりエネルギー準位の高い上の軌道にあがる。

②しかし、下の軌道のほうが安定しているため、すぐに戻ってしまう。このとき軌道差ぶんのエネルギーが光となって放出される。

レーザー・レゾネイター (共振器)

発光源「媒質」を、光を反射するもので挟んだものを「共振器」と呼ぶ。
共振器のなかで安定して存在できる光は「その波長の半分の整数倍が、鏡のあいだの距離に一致するもの」だけ [※a]。

※a:鏡のあいだの距離を「d」とすると、波長「λ」は次の式のとおり。
$\lambda = \frac{2}{n}d$（波長＝鏡間の距離×2〈往復分〉を整数nで割ったもの）

れを「黒体輻射（ふくしゃ）」と言う）。しかし、この方法では、中心波長以外にも広い波長域にわたってさまざまな電磁波を放出しており、莫大なエネルギーを喰うわりには、目的の光だけを得ることが難しい。近年、白熱電球が使われなくなった理由は、その効率の悪さにある。

　もう少し燃費のよい方法として、エレクトロルミネッセンス（Electro-Luminescence、EL）がある。これはある物質（主に半導体）に電場をかけることで発光させる現象だ（第2章2.2節で解説した光電効果の逆の現象）。原子に何らかのかたちでエネルギーを与えると、電子が上の軌道に上がり、しかし下の軌道のほうが安定しているので、すぐに戻ってしまう。この軌道差のぶんのエネルギーが光となって放出される、というものだ。電子の軌道は原子の種類で決まっているので、差分のエネルギーも、対応する光の波長も、同様に原子の種類によって決まる。つまり、原子の種類を変えることで、光の色を変えることができるわけだ（ある程度の微調整は可能。後述）。

　これを利用したものが発光ダイオード（Light-Emitting Diode、LED）や有機EL（Organic Electro-Luminescence、OEL）だ。さきほど白熱電球が廃れた話をしたが、現在はLEDが電灯の主流となっている。余談ながら、実は花火もこの現象を利用している（いわゆる「炎色反応」）。なかに入れる物質の種類を変えることで多彩な色をつくり出している。

■レーザーの原理②：特定の光を導き出す

　このLEDで用いられる技術を「さらに一歩進めたもの」がレーザーである。具体的な原理は以下のようなものだ。発光源となる物質のことを「媒質（mediumもしくはlaser medium）」と言い、光を反射するもの（ありていに言えば鏡）で媒質を挟んだものを「共振器（resonator）」（または「空洞（cavity）」）と呼ぶ。媒質にエネルギーを加えると、放出された光は鏡のあいだを往復するが、このとき鏡の位置が光の波の「節（node）」となるため、共振器のなかで安定して存在できる光は、「その波長の半分の整数倍が、鏡のあいだの距離にぴったり一致するもの」だけとなる（109ページのイラストを参照）。

　「波長の半分の整数倍」と聞くと、波長のヴァリエイションはいくらでもできそうだが、前述したように発光できる波長は媒質の種類によって決まっており、

その中心波長の幅のなかで、共振器の鏡と鏡のあいだの距離に一致する波長のみを導き出すことができる。

こうしたことから、鏡のあいだの距離を微調整できるようにすれば、波長も微調整することが可能だ。実際に鏡を使う共振器では鏡を動かして調整するが、半導体レーザーでは媒質の半導体素子そのものが共振器となるため（素子の端面が鏡に相当する）、半導体の温度を変化させることで半導体の長さを変え（熱膨張）、波長を微調整する。

余談ながら、米国のSFドラマ『スタートレック』では、主人公たちが乗艦する宇宙艦「エンタープライズ」の主兵装として「メーザー (maser) 砲」という兵器が登場する。「maser」とは「Microwave Amplification by Stimulated Emission of Radiation（誘導輻射によるマイクロ波増幅）」の略で、可視光の代わりにマイクロ波を使ってレーザーと同様のことをしたものだ。マイクロ波は電子レンジで使用されている波長域であり、つまりメーザー砲は電子レンジで敵を焼き殺す武器と言えるかもしれない。

■レーザーの原理③：長距離を直進する光

この共振器では、単に波長が揃っている以外に、光の「向き」と「位相」[※1]も揃う。光が共振器のなかを往復するため、共振器の軸方向に光の向きが揃い、また、両端の鏡で節が揃うことにより、波の山や谷も一致する。つまり、位相が揃う（位相が揃うことをコヒーレンス〈coherence〉という）。

この波長と位相が揃った光が媒質を往復することで、エネルギー状態が高くなった原子から、それに「釣られて」同じ波長と位相の光が放出される。これを「誘導輻射」と言う。この現象のおかげで、波長と位相の揃った光が共振器内にどんどん蓄積されていき、そして共振器の鏡の片方を、光の一部を透過するものにすると、そこから光を取り出すことができる。これを利用したものが「レーザー光」というわけだ。

また、光の向きと位相が揃っていることにより、レーザーは「きわめて小さい点に集束」させたり、「長距離を伝播」させたりできる。前者は工業分野で活用されているレーザー加工を可能とする特性であり、後者は本章の主役であるレーザー誘導に欠かせない特性となる。長距離と言っても、電波誘導のような数十

※1：位相とは、周期的に繰り返される波のなかでの「ある一点」のこと。たとえば波長の山の頂点、谷の底、または山の6合目など。共振器のなかでは、光の波長の節が揃うことで、波長全体も一致する。

〜数百kmといった距離は不可能だが、数km程度の誘導は可能だ。レーザー以外の光では、たとえばマグライトのような強力な光源でも、すぐに拡散してしまって、たいした距離を照らすことができない。長距離を拡散せずに伝播するには、きわめて平行な光にする必要があるのだ。

■レーザーの原理④：レーザーの種類

レーザーの種類（波長）は、前述したように媒質を何にするかによって分類できる。また、その媒質に合わせて適したエネルギーの与え方（励起の方法）がある。

たとえば半導体レーザーは、媒質が半導体で、エネルギーは電気的に励起する（電流を流す）。チタン・サファイア レーザーは、媒質がサファイア（酸化アルミニウム）の結晶にチタンを混ぜたもので、エネルギーは他のレーザー（アルゴン レーザー）を媒質に照射することで励起する。YAGレーザーは、イットリウム・アルミニウム・ガーネット（$Y_3Al_5O_{12}$、イットリウムとアルミニウムの複合酸化物）の結晶に、ネオジムを混ぜたもの（Nd:YAG）や、エルビウムを混ぜたもの（Er:YAG）を媒質として使い、やはり他のレーザーを照射することで励起する。これらは、使いたい波長や出力などによって適切なものを選んで使う。表に主なレーザーを記した。

このうち、レーザー誘導に必須のレーザー目標指示器（後述）に使用されるのがYAGレーザーだ。光ファイバーを媒質に用いたファイバーレーザーは、米海軍が攻撃兵器（レーザー砲）として揚陸艦「ポンス」に搭載して試験を行ったことで話題となった。また、化学酸素ヨウ素レーザー（COIL）は出力が大きいため、こちらも攻撃兵器に使われている。航空機に搭載してブースト・フェイズでの弾道弾迎撃を実行するため開発されていた試作機「AL-1」に搭載された [※2]。

■誘導の仕組みはSARHに似ている

前置きが長くなったが、このようにしてつくり出されたレーザーを用いて、誘導側が目標を「照らし」［原理B.］、誘導爆弾／空対地ミサイルはその反射光を辿るよう［原理C.］に誘導される。先にも述べた通り、SARHの「R（レーダー）」を「L（レーザー）」に置き換えたものと言ってよいだろう。身近なもので喩える

※2:詳しくは拙著『兵器の科学1 弾道弾』をご覧いただきたい。

レーザー誘導のしくみ

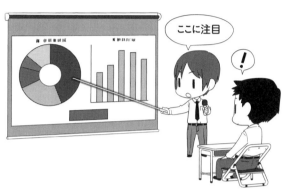

レーザー誘導とは、レーザー光線でミサイルに目標を指示する方法。喩えるなら、レーザーポインターが近い。主に赤外線領域のレーザーが使用される。レーザー誘導は、電波(レーダー)誘導より精度が高いが、一方で使用できる距離は短い[※a]。

セミアクティヴ・レーザー・ホーミング(SALH)

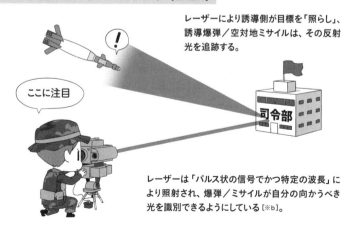

レーザーにより誘導側が目標を「照らし」、誘導爆弾／空対地ミサイルは、その反射光を追跡する。

レーザーは「パルス状の信号でかつ特定の波長」により照射され、爆弾／ミサイルが自分の向かうべき光を識別できるようにしている[※b]。

※a:電波が数十〜数百kmまで届くのに対して、レーザーは数kmが誘導可能な距離となる。
※b:なお、レーザー光は赤外線波長であるため通常の煙幕は透過するが、赤外線妨害効果のある煙幕は透過できない。

なら、レーザーポインターを想像するとわかりやすい。遠く離れた位置にある目標を「これだ！」と指すときに用いるが、ミサイルに対してまったく同じことをしているがSALHなのだ。

また、この方式では、レーザーを用いて目標を指し示す役は、発射母機である必要がない。たとえば、地上の兵士が指示することもできる。そもそも、誘導爆弾や空対地ミサイルは地上の目標に対して使われるのだから、目標選定は地上部隊の行動と密接に関わってくることが多い。地上部隊を支援するために、空中から攻撃をしている状況でよく使われるとなれば、目標を間近にはっきりと見ている地上部隊側が、積極的に「これだ！」と指し示すほうが、はるかに正確に「自分が攻撃してもらいたい」目標を指示することができるだろう。

■レーザー目標指示器（航空機搭載型と歩兵携行型）

目標の指示（レーザーの照射）に使われるのが、「レーザー目標指示器（laser target designator）」だ。いわば、「高性能なレーザーポインター」と言える。ただし、レーザーポインターのように連続的にレーザーを照射するのではなく、パルス状に発振する「信号」としてレーザーを照射し、誘導爆弾／空対地ミサイルは信号によって自分が向かうべきレーザー反射光を識別している。レーザー目標指示器は、発射母機（航空機）に搭載するものと、地上の兵士が携行するものがある。

レーザー目標指示器は、通常、レーザー距離計もパッケイジになっており、航空機搭載型になると、さらに可視光カメラや前方監視赤外線（Forward-Looking InfraRed、FLIR）カメラも内蔵した複合型パッケイジとしていることが多い。これにより目標の捜索・捕捉から目標指示まで一連の機能を備えている。たとえば、米軍最新の航空機搭載型目標指示器である「AN/AAQ-33」は、レーザー距離計、レーザースポット・トラッカー（追跡器）、可視光カメラ（CCD）、FLIRなどが搭載されているうえに、カメラで撮影した映像をデジタル映像記録装置で記録したり、映像データリンクを介して友軍機とリアルタイムで共有したりするなど、目標指示に限らない多機能な装置となっている。

西側では、航空機搭載型の目標指示器は機外兵装としてハードポイントに取り付けるポッド式になっているものがほとんどだが、ソ連邦／ロシアでは、

Su-27以来、コックピットのキャノピー前方に設置される内蔵式となっている。この内蔵型装置は「光学位置ステイション（Оптико-Локационные Станции）」と呼ばれ、光学カメラ、FLIR、レーザー距離計などが入った丸いセンサーヘッドが、パイロットのヘルメット搭載型照準システム（第2章）と連動して、向きを変えるようになっている。Su-27搭載のものが「ОЛС-27 [OLS-27]」、Su-35が「ОЛС-35 [OLS-35]」、Su-57が「ОЛС-50M [OLS-50M]」である。西側ではF-35で初めて内蔵式を採用した（これはAN/AAQ-33を内蔵型としたもの）。

　一方で、地上部隊が使う目標指示器は、測量機器のような見た目の歩兵携行式で、まさに測量機器のように三脚に立て、操作員がレンズを覗いて操作する。最新のものはGPS受信機とレーザー距離計が内蔵されており、レーザーで目標を指し示すだけでなく、目標の位置座標を友軍に伝えることもできる。具体的には、まずGPSで自分の位置を測定し、次にレーザー距離計で目標までの距離を測定することで、目標の位置座標を特定することができる。誘導爆弾にはGPS誘導のみのものがあるため、目標の座標を特定することは誘導の観点からも大きな意味がある。

■電磁波の波長と誘導の距離・精度

　一般に、電磁波の大気圏内の有効到達距離は波長に比例する。レーダー（電波）の場合、波長が長い電波は長距離の誘導に用いられる。また、捜索の際でも、遠距離の場合には、電波のなかでも、より長い波長の電波が使われる。

　一方で、目標の分解能は、これまた波長で決まる。ほぼ波長と同じくらいの分解能があると思ってよいだろう。たとえば、波長1mの電磁波（超短波）であれば1m程度、1cmの波長の電磁波（マイクロ波）なら1cm程度の分解能がある。波長の長い電磁波は大雑把だが遠距離の探索や誘導に、波長の短い電磁波は高精度だが近距離の使用に適している。レーザー（可視光）の波長は数百nmであり、前述した通り電波誘導のような長距離には使うことはできない一方で高精度に誘導できるのはそのためだ。

5.2 画像誘導

■光学的な映像で目標を捉える「テレビ誘導」

SALHがSARHに似ているなら、これから解説する**「テレビ誘導」**はTVM（第3章）に似ている。TVMのコンセプトは「ミサイルが目標に近づいたら、遠くの指揮処より、ミサイル自身のほうが目標を鮮明に識別できる」というものだった。TVMは、ミサイル自身の「レーダー」により目標を近くで識別していたが、それを「光学的な映像」で行うのがテレビ誘導だ。ミサイルに搭載されたカメラで目標の姿を捉え、その映像を指揮処（この場合、ミサイルの発射母機である航空機）に送り、「目標はこれで正しいですか？」と確認してもらう方法だ。

確認するのは人間であるため、目標選定をより正確に行うことができるが、処理能力という点では（コンピューターなどを用いる方式に比べて）遅い部類に入る。そのため、高速で移動する目標、たとえば航空機やミサイルといった目標に対しては使えず、対空ミサイルの誘導には適していない。一方で、動かない、または動きが遅い地上目標に対しては有効な誘導方式となる。

なお、以下に解説する「光学コントラスト式」、「赤外線画像コントラスト式」は戦車などの車輌（第8章で解説）に対しても用いられる誘導方式である。

■ミサイル自身が目標を識別する「光学コントラスト式」

テレビ誘導の欠点は、ひとつには人間の能力によって命中精度が決まってしまうことだ。もうひとつが、誘導側の人員が誘導に集中しなければならないことだ。誘導は基本的に発射母機で行われるため、この方式だと発射母機は戦場に釘付けになる。せっかくミサイルを切り離したのだから、発射母機としては敵の対空砲火から逃れるためにも速やかに離脱したい。

そこで、いったん目標の指示を受けたのちは、ミサイル側でその目標の姿を「頭に入れて」、カメラで捉えた映像のなかで指示された目標に向かうようにする方式が生まれた。つまり、ミサイル自身が「映像から目標を識別・判断」できるように進化したわけだ。これはレーダー誘導において、ARHが自己完結しているのと似ている。そして、ARH同様に「撃ち放し」となる。

ミサイルが「映像から目標を識別・判断」するとは、具体的にどういうこと

画像誘導

テレビ誘導

ミサイルに搭載されたカメラ映像を指揮処(航空機)に送り、人間がテレビ画面を見ながら目標に誘導する。

光学コントラスト式

ミサイル自身が、カメラ映像の「コントラスト(明暗の比)」に基づいて目標を識別・判断する。「撃ち放ち」となり、発射母機は離脱することができる。

しかし、背景が変わり目標とのコントラストが変化すると見失う。

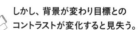

こういうときは、赤外線画像(温度差)を用いる「赤外線コントラスト式」がよいよ

なのか。たとえば人間が映像を観て判断する場合、私たちの脳は「映像に映っている物体が、いったい何であるのか」まで理解・識別することができるが、機械にそこまで認識させるにはきわめて高度な機能が要求されるし、ミサイルの誘導にはそこまでの認識は必要ない。単に「飛んでいくべき目標」とだけ理解できればよいわけだ。

そこでミサイルには、映像を「コントラスト」、つまり「明暗の比」によって判断させる。パイロットがロックオンした瞬間の映像のコントラストを記憶し、以降はカメラ映像がそれと同じコントラストになるよう、自身の姿勢を調整して目標に向かう。

コントラストで判断するこの方法は「**光学コントラスト（optical contrast）式**」と呼ばれる。なお、ソ連邦／ロシアは光学コントラスト式をテレビ誘導の一種に分類するが、米国ではまったく別の誘導方式とすることが多い。本書ではテレビ誘導の節に含めている。

■地形の影響を受け難い「赤外線画像コントラスト式」

光学コントラスト式にも欠点がある。目標と背景のコントラスト（明暗の比）で判断しているために、目標が移動して背景が変わってしまうと、見失ってしまうのだ。戦車など地上の車輌を狙っている場合、背景の状態が大きく異なる場所、たとえば舗装道路から木々の茂みへ移動してしまうと、コントラストが変化し目標を認識できなくなる。

このような場合に適した誘導方式として「**赤外線画像コントラスト式**」がある。これは可視光の画像ではなく、赤外線画像のコントラストで目標を識別するものだ。炎天下でもなければ、路面の温度も森のなかの温度も大きく違わないため、その上にある車輌を明確に区別できる。これは空対空ミサイル（第2章）で使われる赤外線画像誘導や、第3章（地対空ミサイル）で紹介したソ連邦／ロシアの9K31などが用いているフォトコントラスト式誘導と同じものだ。

なお、光学コントラスト式、赤外線画像コントラスト式ともに、目標に近接して画面いっぱいに目標が映る状況になったとき、背景が映らないために「背景とのコントラスト」の意味がなくなってしまう、という問題がある。そのため目標に近づいた場合には、映像を広角に切り換えて背景も映るようにするか、あ

空対地ミサイル／誘導爆弾の技術

5.3 弾頭

■目標にあわせたさまざまな弾頭

これまでも各章ごとに用途別の弾頭を紹介してきた。本章では、地上目標を攻撃する空対地兵器ならではの弾頭を解説する。まず、地上目標相手にもっとも標準的な弾頭は、いわゆる普通の爆弾だ。金属製の殻に炸薬を詰めたもので、炸薬の炸裂によって殻が破片となって飛散し、その運動エネルギーで周囲に損害を与える。対人であれ、対車輌・対施設であれ、あらゆる地上目標に対して伝統的に使われてきた。

一方で、地上の目標はヴァリエイションに富むため、それらに対応して弾頭もさまざまなものが開発されている。

[1] 地中貫通弾頭
■巨大な鉄塊により地中深くまで貫通する

1991年の湾岸戦争において、米国を中心とする多国籍軍は、イラク首脳部、特にサダム＝フセイン大統領本人を直接攻撃するための、いわゆる「斬首作戦」を計画した。こうした攻撃は相手の戦争継続能力に致命的な影響を与えるが、それは攻撃を受ける側も理解しているため、多くの国が司令部など指揮統制機能を地下に建設された強固な施設内に置いている。イラクもまた同様だった。

厚いコンクリート製の天井スラブなどで覆われた地下壕は、外側で通常の爆弾が炸裂しても破壊が難しいため、確実に破壊するには、内部で炸裂させなければならない。攻撃には、地表の土壌と天井スラブを貫通できるだけの強固な弾体と、貫通後に起爆する遅延信管が必要となる。機能としては対艦ミサイル（第4章）の弾頭に似ているが、それよりもはるかに強力な貫通能力が求められる。この目的のためつくられたのが「地中貫通弾頭」だ。

湾岸戦争時、堅固なイラク軍地下司令部を既存の兵器では破壊できないと判

第5章 誘導爆弾と空対地ミサイル

対地攻撃用の弾頭①

地中貫通弾頭

地中深くの強固に防護された施設や掩体（バンカー）を、貫通して内部を破壊することを目的とした弾頭

GBU-27A/B：レーザー誘導爆弾GBU-24シリーズの地中貫通型

地表で爆発しても深く掘ることはできない

運動エネルギーを得た「鉄塊」が高い貫通力を発揮

遅延信管により地中で爆発

F-15E戦闘機から投下されるGBU-28地中貫通爆弾（写真／U.S.Air Force）

断した米国は、わずか一カ月足らずで地中貫通兵器である「GBU-28」誘導爆弾を開発した。時間的な余裕が無かったため、203㎜自走榴弾砲M110の砲身（砲弾ではない）を輪切りにして炸薬を詰めたものに、レーザー誘導装置と空力舵を取り付けるというものだった。GBU-28の特徴は重量に対する炸薬量の少なさだ。投下重量4,700ポンド（2,100kg）に対して炸薬は630ポンド（290kg）と、わずか13％に過ぎない。重量の大部分を弾殻が占める、まさに「鉄の塊」といった爆弾だが、この鉄塊に充分な運動エネルギーを与えることで、高い貫通力を実現した。GBU-28は土壌50m以上、コンクリートを5m以上貫通できると言われている。

炸薬量について、同じ系列の爆弾での通常の爆弾と貫通爆弾の比較を示しておくと、2,000ポンド級誘導爆弾の「GBU-24ペイヴウェイⅢ」シリーズでは、通常型のGBU-24/Bが炸薬429kg／投下重量1,050kg（41％）に対して、地中貫通爆弾GBU-24A/Bでは、240kg／1,066kg（23％）となる。なお、GBU-24A/Bは、鉄筋入りコンクリートを1.2～1.8m貫き、航空機用の掩体などを攻撃するのに用いられる。

強固に防護された地下施設や掩体は「バンカー（bunker）」と呼ばれるため、これら地中貫通爆弾は「バンカー・バスター（bunker buster）」の名で知られている。

余談ながら、日本海軍がハワイ空襲の際に米戦艦の装甲を貫徹するため410㎜艦砲の砲弾（こちらは砲弾）を改造してつくり出した航空機搭載爆弾「九九式八〇番五号爆弾」は、地中貫通弾頭によく似ている。こちらは投下重量796.8kgに対して炸薬は22.8kgと、2.9％に止まり、より一層「鉄の塊」感が強くなっている。もともと戦艦の主砲弾が「鉄の塊」であり、通常の410㎜砲弾で炸薬15kg／砲弾重量1,020kg（1.5％）、460㎜砲弾で34kg／1,460kg（2.3％）となっている。厚い戦艦の主装甲を破るにも、「鉄の塊」でなければならなかったのだ。

■ **滑走路を破壊する弾頭**

また、地中貫通弾頭の仲間に、対滑走路弾頭がある。滑走路は地表にあるので、貫通型にする必要がないように思うかもしれないが、滑走路表面を破壊

第5章 誘導爆弾と空対地ミサイル

対地攻撃用の弾頭②

クラスター弾頭　「柔らかい」目標を効率よく攻撃するために開発された弾頭。ひとつの親爆弾のなかに、複数の小型・低威力な子弾頭が収納されており、一発で広範囲に打撃を与えることができる。

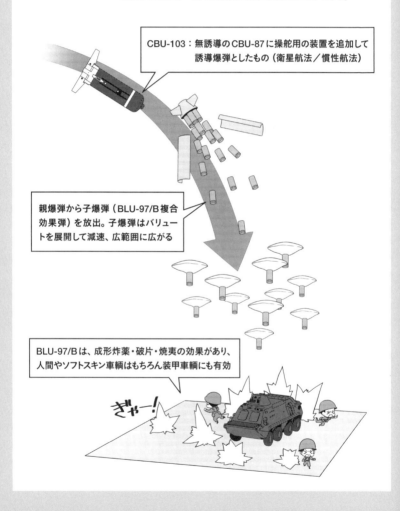

CBU-103：無誘導のCBU-87に操舵用の装置を追加して誘導爆弾としたもの（衛星航法／慣性航法）

親爆弾から子爆弾（BLU-97/B複合効果弾）を放出。子爆弾はバリュートを展開して減速、広範囲に広がる

BLU-97/Bは、成形炸薬・破片・焼夷の効果があり、人間やソフトスキン車輌はもちろん装甲車輌にも有効

しただけでは容易に修復できてしまうため、着弾後に滑走路を貫通し、舗装の下の地中深くで起爆することにより、大きなクレイターをつくる必要があるのだ。地下深くに埋設された天井スラブを貫くほどの貫通力は必要ないが、滑走路の舗装面と、その下のいくらかの土壌を貫通する必要がある。

[2] クラスター弾頭
■「柔らかい」目標を効率よく攻撃

強固な防護施設を攻撃するための地中貫通弾頭とは対照的に、防護のない人間や車輌など「柔らかい」目標を効率よく攻撃するために開発された弾頭がある。それが「クラスター（cluster、集束）弾頭」だ。「集束」の名の通り、ひとつの爆弾（親爆弾）のなかに複数の小型の子爆弾が束になって収納された構造になっている。

たとえば、大量の炸薬をひとかたまりにして爆発させると、破壊力は大きいが、破壊できる範囲は限られる。「柔らかい」目標であれば、低威力で充分な損害を与えられるため、小さな破壊力の弾頭を、広範囲にわたって多数ばら撒いたほうが効果的となる。クラスター弾頭はこうした考えに基づいて作られている。太平洋戦争において、米国が日本空襲で用いたM69焼夷爆弾も、クラスター弾の一種[※3]である。

クラスター弾頭は、子爆弾を大量・広範囲にばら撒くという構造上、これら子爆弾が不発弾として残った場合に、とても厄介だ。実際に、それら不発弾が戦争終結後に一般市民に被害を与えた例は多く、世界的な問題となっている。そこで欧州を中心として規制する動きが起き、「クラスター弾薬に関する条約（Convention on Cluster Munitions）」が締結された。同条約は、クラスター弾薬の使用、開発、製造、取得、貯蔵、保持、移譲を禁止するもので、2008年12月3日に調印され、2010年2月16日に批准国が発効基準の30カ国に達したことから、半年後の8月1日に発効した。しかし、ロシア、米国、中国などの軍事大国は、この条約に加盟していない。

[3] 気化弾頭／サーモバリック弾頭
■燃料が拡散し広範囲を焼き尽くす

※3：M69焼夷爆弾は焼夷剤を詰めた全長50 cm・直径8 cm程度の六角形柱であり、複数本を束にして親爆弾に収納して投下した。

石油から精製される炭化水素は、その沸点の違いによって分離される。一般によく利用されているものでは、沸点の低いものから順にガソリン、灯油、軽油、重油と並ぶ。この順番は、分子量の大きさの順(ガソリンがもっとも小さい)であり、比重の順(ガソリンがもっとも小さい)であるとともに、揮発性の高さの順(ガソリンがもっとも高い)でもある。そして、取り扱いが危険な順(ガソリンがもっとも危険)ともなっている。

点火した際に、もっとも激しく燃え上がるのはガソリンだが、その理由はこの揮発性の高さによる。可燃物は酸素と反応して燃焼するので、その酸素と「よく混合している」状態のほうが激しく燃焼する。となると、液体として一カ所に固まっているよりも、揮発して、気体として空気中に広がっているほうが、はるかに酸素(空気)と「よく混合している」ことになるからだ。

つまり、ある可燃物を使って「目標を焼き尽くす」ことを考えた場合、その可燃物を気化させてから点火したほうが、その威力は大きいことになる。また、気体であれば液体よりもはるかに広い空間を焼き尽くすことにもなる。このような考え方のもとに開発されたのが「燃料気化(Fuel-Air Explosive)」弾頭だ。

■加圧された燃料を解放することで爆発的に気化

その「気化」の原理は、以下のようなものだ。

どのような物質にも液体から気体に相変化する沸点と呼ばれる温度があるが、これは圧力によって変化する。液体は、全体としてある場所に留まっているように見えても、それを構成する分子は激しく動き回っており、その運動エネルギー(正確にはそのエネルギー密度)の平均値をあらわす指標が温度となる。温度が高いということは分子の運動エネルギーが高い、つまりより激しく動き回っていることを示す(平均値であり、分子の動きの激しさには個体差がある)。

一方、その液体の分子が勢い余って飛び出さないのは、液面の上の気体に押さえつけられているからだ。その押さえつけの度合いをあらわすのが気圧となる。そのため、飛び出そうとする液体の分子の運動エネルギーと、押さえつけようとする気圧のバランスで、物体が液体か気体かが決まっているわけだ。なお、前述のように分子の運動エネルギーには個体差があり、元気のある分子は先に飛び出して気体となる(これが「蒸発」である)。そして、平均的な運動エネルギー

対地攻撃用の弾頭③

燃料気化弾頭

燃料気化爆弾は、比較的「柔らかい」目標を、広範囲にわたって、文字通り「焼き尽くす」。米国製CBU-72無誘導爆弾に搭載された、燃料気化弾頭BLU-73を例に、起爆までの流れを解説する。

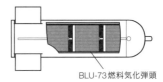

BLU-73燃料気化弾頭

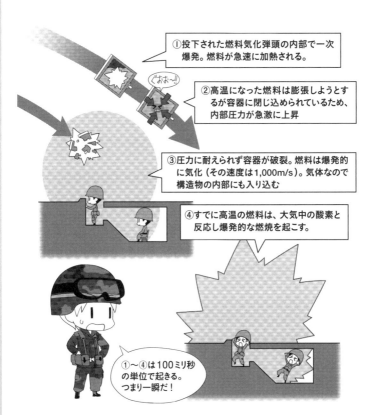

①投下された燃料気化弾頭の内部で一次爆発。燃料が急速に加熱される。

②高温になった燃料は膨張しようとするが容器に閉じ込められているため、内部圧力が急激に上昇

③圧力に耐えられず容器が破裂。燃料は爆発的に気化(その速度は1,000m/s)。気体なので構造物の内部にも入り込む

④すでに高温の燃料は、大気中の酸素と反応し爆発的な燃焼を起こす。

①〜④は100ミリ秒の単位で起きる。つまり一瞬だ!

の分子ですら飛び出す現象が「沸騰」で、そのときの温度が「沸点」となる。

　ということを理解していけば、1気圧下では沸点を超える温度でも、圧力を高くすれば液体のまま留めることができるということが理解できるだろう。たとえば、加圧水型原子炉の1次冷却水は、その名の通り圧力（160気圧）を加えることで液体の状態を保っており、その温度は標準的に320℃もある。そして、仮に容器の破損など何らかの理由でこの「閉じ込め」が破れてしまうと、周囲の大気は1気圧しかないので、無理やり液体として押し込められていた物質（冷却水）は、大気に解放された段階で一気に気化する。それはもう、一瞬かつ、爆発的に。この現象を「沸騰液体膨張蒸気爆発（boiling liquid expanding vapor explosion）」と呼び、特にこの物質が水の場合には「水蒸気爆発（phreatic explosion）」と呼ばれる。東日本大震災のときに発生した福島第一原子力発電所の「水蒸気爆発」は、このようにして発生した[※4]。

　さて、これを可燃性の液体で行ったうえ、気化したところで点火して燃焼させようというのが「気化弾頭」だ。こうすれば、運搬する際には液体として、航空機やミサイルに搭載できるほど小型でも、点火する際には気化して広範囲に拡散する上、大気中の酸素とよく混合して燃焼も激しくなる。

　燃料気化弾頭の爆発の過程を、より詳しく見ていこう。まず、液体状の燃料を詰めた弾頭を、内蔵した別の爆薬（1次爆薬）の爆発によって加熱する。高温となった燃料は気化して膨張したいが、容器のなかに閉じ込められているため叶わず、圧力だけが急激に上昇していく。そして、その圧力が容器の耐圧を上回った瞬間、容器は破裂し、大気中に飛び出した燃料が爆発的に気化する。大気中には大量の酸素が含まれており、燃料は1次爆薬によってすでに高温となっているため、気化した瞬間に燃料は爆発的な燃焼を起こす。これらの過程は、100ミリ秒の時間尺度で発生する。容器の外に飛び出す気体の速度は1,000m/sにもなるため、100m単位の範囲にこの爆発は広がることになる。

　一般的に、気化燃料にはエチレンオキサイド（ethylene oxide、$(CH_2)_2O$）やプロピレンオキサイド（propylene oxide、CH_3CHCH_2O）が、1次爆薬にはRDXなどの通常の軍用爆薬が使われる。

※4:福島第一原子力発電所の原子炉は加圧水型ではなく沸騰水型なので、圧力はもっと低いが、それでも数十気圧あり、水蒸気爆発を起こすには充分である。

■粉塵爆発の原理を用いた気化弾頭

「可燃物が広く大気中に拡散して、空気と適度に混合した状態で点火する」というと、粉塵爆発(dust explosion)を連想する人もいるのではないだろうか。小麦粉や石炭粉末など、可燃性の粉塵が空気中に一定濃度で浮遊することで発生する現象だ。この粉塵爆発も、兵器として利用されている。

粉塵爆発において、可燃物が燃焼する過程は2種類ある。ひとつは粉塵の粒子の表面で燃焼が起きる反応で、もうひとつは粉塵が表面から気化して、気体の状態で燃焼する反応だ。粉塵はマイクロメーターの大きさであり、我々からすればとても小さいが、原子・分子のレヴェルと比較すれば巨大だ。そのため、原子・分子レヴェルとなって、より空気と混合する後者のほうが、反応がより激しくなる。したがって、粉塵爆発を兵器化しようとするなら、気化して燃焼する物質(気化しやすい物質)を選ぶ必要がある。

次に、気化して燃焼するためには、まず物質の沸点が燃焼温度より低い必要がある。また、その物質の酸化物の沸点が、燃焼前の物質より高い必要がある。なぜなら、燃焼の結果できた酸化物の沸点が低いと、燃焼前の物質より先に気化してしまい、不燃物の気体となって爆発的な燃焼を阻害してしまうからだ(不燃性の気体により、その空間がちょうど消火剤を撒いたかのような状態となってしまうことで、粉塵粒子の表面で燃焼するだけに終わる)。この2つの条件を満たすものは、金属であればマグネシウムとアルミニウムのみが該当する。そこで、粉塵爆発を利用した弾頭には、この両金属の粉末が使用されている。こちらも、燃料気化弾頭と同様に、主たる爆発を起こす粉塵と、その粉塵を撒き散らし点火する起爆用の爆薬で構成されている。

また、粉塵爆発は、炭鉱や製粉工場など、密室でより大きな破壊力を生むことが知られているが、粉塵爆発を利用した兵器も、屋外で起爆させるよりも建物やバンカー内で起爆させたほうが、より大きな効果を得られる。

以上の燃料(液体)気化弾頭と、粉塵(固体)爆発を利用した弾頭を併せて「サーモバリック(thermobaric)弾頭」と呼ぶ[※5]。熱(thermo)と圧力(baric)を組み合わせた合成語だ。

※5:「サーモバリック」本来の意味から考えると、液体の気化も固体の気化も同様であり、燃料気化弾頭は「サーモバリック」弾の一種である。しかし、先に液体気化弾頭がつくられ、そのあとで固体気化弾頭が開発された際に「サーモバリック弾」なる用語が生まれたため、一部では「サーモバリック」を固体気化の場合にのみ用いる人もいる。しかし、現在の米軍の分類では液体気化弾頭も含み、ロシア軍でも同様である。なお、ロシア語でサーモバリック弾頭に相当するのは「боеприпасы объёмного взрыва」で、直訳すると「体積爆発弾薬」である。

粉塵爆発の兵器化

粉塵爆発を兵器として用いるなら、原子・分子レヴェルになって空気（酸素）と混合しやすい「気化しやすい物質」が適している。また、そのためには以下のような物質を選ぶ必要がある。

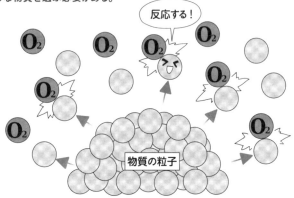

①物質の沸点が燃焼温度より低い
「気化→燃焼」の順番になり、空気と混合して爆発的な燃焼となる。
これが逆だと、充分に気化する前に粒子表面で燃焼してしまう。

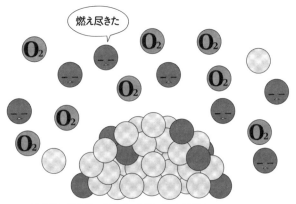

②物質の酸化物の沸点が、物質の沸点より高い
燃焼を終えた酸化物が先に気化してしまうと、「不燃物の気体」となって、空気中での爆発的燃焼を阻害してしまう。

空対地ミサイル／誘導爆弾の発展史

5.4 空対地ミサイル

■誘導爆弾重視の米国とミサイル重視のソ連邦／ロシア

ソ連邦が地対空ミサイルの整備に力を注いできたことは第3章で見たが、これは取りも直さず、米国の圧倒的な空対地兵器の裏返しとも言える。米国の戦い方は、まず圧倒的な航空戦力で徹底的に叩いてから、次の作戦（地上作戦など）に移るというもので、それだけに空対地兵器のラインナップは豊富だ。また、両者の違いとしては、米国が誘導爆弾に力を入れている一方で、ソ連邦／ロシアはミサイルを重視しており、多種多様な空対地ミサイルを開発している。

［ソ連邦／ロシアの空対地ミサイル］
■空対地ミサイルを示す型式記号「Х」とは？

ソ連邦／ロシアの空対地ミサイルには「Х-○○ [Kh-○○]」という型式番号が付与されている。改めて振り返ると、同国のミサイルの型式表記は「Ракета（ロケット）」の頭文字から「Р-○○ [R-○○]」が基本であり、対艦ミサイルであれば「Противокорабельная Ракета（対艦ロケット）」の頭文字から「П-○○ [P-○○]」となる。では「Х [Kh]」とは何の頭文字なのか。実は「Х [Kh]」は頭文字ではない。

ソ連邦の空対地ミサイル開発は、戦後にドイツのロケットを模倣することからスタートした。その最初のものは同国のV1ロケットを模倣したもので、これに「秘密兵器」の意味から、英字アルファベットの「X（ロシア語ではイクスと読む）」を用いて「10X」と名付けた。その後も「14X」「16X」と続いていくのだが、やがて「X（エックス）」と似ているキリル文字「Х（ハー）」が空対地ミサイルの型式表記となったのだ。

また、同じ型式番号のミサイルのなかで、誘導方式が複数ある場合には、末尾に誘導方式を示す記号が加えられる。レーザー（Лазер）誘導は「Л [L]」、テレビ（Телевидение）誘導は「Т [T]」、衛星（Спутник）誘導は「С [S]」、アクティヴ（Активный）・レーダー・ホーミング（ARH）は「А [A]」、パッシヴ

(Пассивный)・レーダー・ホーミング（PRH）は「П [P]」、である。たとえば「X-29 [Kh-29]のレーザー誘導式はX-29Л [Kh-29L]」といった具合だ。

■ソ連邦時代の空対地ミサイル開発

1968年に登場したソ連邦初の空対地ミサイル「X-66 [Kh-66]」の姿は、前半分が米国のAGM-12（後述）、後半分は自国の空対空ミサイルRS-1U（第2章）に似ている。これはヴェトナム戦争における米国によるAGM-12の運用から、同様の空対地ミサイルの必要性を認識したこと、そして開発にあたって、すでに実用化されていたRS-1Uをもとに空対地ミサイルを開発したことが理由だ。RS-1U同様に無線指令誘導方式（ビーム・ライディング）を採用している。お尻でレーダー波を受信する方式のため、Kh-66の尾部はアンテナを収納する尖ったドーム型になっている。併せて、通常は後端に設けられるエンジンノズルは、機体側面に設けられている。1974年に改良型「X-23 [Kh-23]」が登場する。こちらも無線指令誘導式だが、ビーム・ライディングからAGM-12と同じMCLOSとなった。

Kh-66は、空対空ミサイル開発で名高い第134試作設計局（ヴィンペル）と第455試作設計局（ズヴェズダ）が共同で開発したが、Kh-23はズヴェズダ単独となり、以降は同設計局が空対地ミサイル開発で主導的な地位を占めるようになる。

Kh-23の発展型「X-25 [Kh-25]」（1976年制式採用）で、ようやくSALHが採用され、発射母機の負担が軽減されたが、「重くなった機首部とのバランスを取るため」と称して、尾部の形状はそのまま残された [※6]。Kh-25は改良型のKh-25Mに発展し、こちらは誘導方式の異なる複数のサブタイプが存在する（巻末一覧表参照）。

これらの開発を経て、ソ連邦でもっとも標準的な、そしてロシア時代にも引き継がれた空対地ミサイルが開発される。それが「X-29 [Kh-29]」（1980年制式採用）だ。Kh-23系列に比べ、発射重量は2倍、弾頭重量は3倍となる。Kh-29は第1章（16ページ）で内部構造を図示している。Kh-29には、SALH式とテレビ誘導（光学コントラスト）式の、誘導方式の異なる2種のサブタイプがある。アフガニスタン紛争がデビュー戦だが、イラクにも輸出され、イラン・

※6：この尾部には、最初のモデルでは小型の「第二の弾頭」が納められていたが、以降のサブタイプからは単なるカウンターウェイトとなった。

5.4 空対地ミサイル

ソ連邦／ロシアの空対地ミサイル

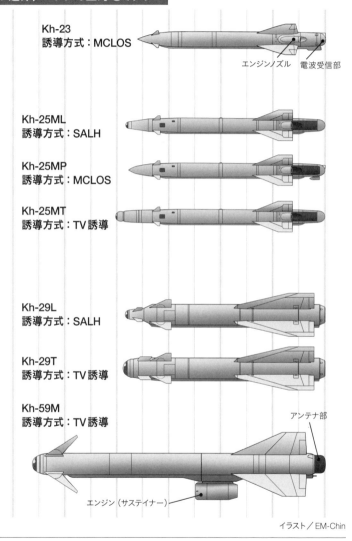

イラスト／EM-Chin

イラク戦争では同国のミラージュF1戦闘機に搭載して運用された。

Kh-29の開発は第4試作設計局（モルニヤ）で開始されたが、同設計局が宇宙開発専業に改組された折に、開発チームごとヴィンペルに移籍し、完成させている。

ヴィンペル、ズヴェズダ系列とは別に、第155-1試作設計局（ラドゥガ）で開発されたのが「X-59 [Kh-59]」だ。1982年に制式採用された。4.3節で説明した通り、ラドゥガはミグ設計局のミサイル部門が独立したもので、空対艦ミサイル開発で中心的役割を担っている。

Kh-59はテレビ誘導式だが、5.2節で解説した「発射母機に映像を送って確認してもらう」方式に加え、「自律的に目標を判断する」ことも可能だ（これはランドマークが明瞭な場合に使用される）。テレビ誘導では、母機に映像を送るためアンテナが必要だが、Kh-59では独特の位置にアンテナを設けている。初期加速用のブースターが切り離されると、そこ（ブースターで隠れていたミサイル本体の尾部）にアンテナが現れる。そのためサステイナー（巡航用エンジン）のノズルはKh-66同様に機体側面に設けられている（なお、ブースターが稼働しているあいだは、慣性航法で飛行する）。

改良型のKh-59Mからは、サステイナーのエンジンを思い切って本体下に吊り下げるディザインとした（ブースターとアンテナの位置は変わらず）。この配置により本体内部に余裕が生まれ、弾頭重量が2倍以上に増し、またサステイナーを燃費のよいターボファン・エンジンとしたことで射程も3倍近くまで延伸された。さらに、終末誘導をARH化したKh-59MKを経て、高精度な高度計と航法装置を組み込み、地表近くを飛行する能力を得たKh-59MK2が開発されている。

なお、「Kh-59MK2」に関しては、2015年にモスクワで開催された国際航空宇宙サロン（MAKS）にて、まったく形状の異なる、矩形断面となった胴体に巡航ミサイル風の大きな主翼を備える新型ミサイルが同名で展示された。ロシアでは、まったく姿が変わっても同じ型式番号が使用されることがあるのだが、この新「Kh-59MK2」はステルス戦闘機Su-57の機内弾倉に収納できる形状としたもので、実際に2018年にはシリアにおいてSu-57を母機として試験投入

が行われたようだ。その後は開発状況が不明であり、本稿執筆時点でも、メイカーHPには「Kh-59MK2」として従来型のものが掲載されている [※7]。

■ **設計局統合により誕生したロシア時代の空対地ミサイル**

2002年、ズヴェズダが中心となり、ヴィンペル、ラドゥガ、そして艦対艦ミサイルのほとんどを手掛けた機械科学生産合同や、複数の電子機器企業やミサイル製造工場が統合され、新会社「戦術ロケット兵器」が設立された。同社初となる空対地ミサイルが「Х-38 [Kh-38]」である。2015年より始まったシリア内戦で初めて実戦投入されている。まさに総決算と言うべき空対地ミサイルであり、誘導方式の異なる複数のサブタイプが存在する（巻末一覧表参照）。

また、このKh-38をもとに空対地ミサイル「Гром-1 [Grom-1]」と誘導爆弾「Гром-2 [Grom-2]」が開発されている。ともに慣性航法と衛星航法（GLONASS）を組み合わせた方式で、次世代ステルス戦闘機であるSu-57やSu-75の機内弾倉に収納できるよう、折り畳み式の主翼を持ったコンパクトな形状となっている（Grom-2については後述）。

■ **ソ連邦／ロシアの空中発射式弾道弾**

弾道弾のなかでも航空機に搭載し空中から発射する空中発射式弾道弾についてもここで解説しておく。冷戦期以来、実用化された空中発射式弾道弾としては米国のAGM-69（後述）が有名だが、同ミサイルのソ連邦版とも言うべきものが1980年代に配備された「Х-15 [Kh-15]」だ。核出力350kT（キロトン）の核弾頭を搭載する。Kh-15は弾道弾で一般的な慣性航法式だが、終末誘導をARHとして弾頭を貫通式の通常弾頭とした対艦型Kh-15Sや、終末誘導をPRHとした通常弾頭装備の対電波放射源型Kh-15Pなどのサブタイプがある。

また、近年になって新型の空中発射式弾道弾も登場している。それが「9-С-7760 [9-S-7760]」[※8] で、愛称の「キンジャール（Кинжал、短剣）」の名で知られている。これは戦術弾道弾システム9K720（愛称イスカンデル）の弾道弾9M723を空中発射式としたもので、迎撃戦闘機MiG-31を改造したMiG-31Kに搭載した発射試験時の姿が知られているが、本命のプラットフォームはTu-22M3M爆撃機である。

※7: 巻末一覧表では、新「Kh-59MK2」について「Kh-59MK2 ※」として掲載している。
※8: 複合体（システム全体）の名称は「9-A-7660（9-A-7660）」。なお、一時期は「Х-47M2 [Kh-47M2]」との型式番号が流布したが、9-S-7760が正しいようだ。

第5章　誘導爆弾と空対地ミサイル

なお、同ミサイルは、たびたび「極超音速兵器」として報道されている。弾道弾なので当然「極超音速（マッハ5以上）」に達するが、次世代兵器として注目されている極超音速滑空体や極超音速巡航ミサイルとはまったく別物である。

［米国の空対地ミサイル］
■射程・用途とも多様な米国の空対地ミサイル

米国の航空機の主たる任務は対地空襲であり、そのため同国がラインナップする空対地ミサイルは、他のミサイルに比べて種類が豊富だ。第4章で述べた通り、空対艦ミサイル同様に「Air to Ground Missile」から「AGM-〇〇」の型式番号が付与される。

米国最初の空対地ミサイルが「AGM-12 ブルパップ」だ。もともと海軍用の「ASM-N-7」として開発されたものを、空軍の空対地ミサイルと統合し、型式番号も改められた。射程を延伸したAGM-12B、大型弾頭を搭載したAGM-12C、核弾頭型のAGM-12D、クラスター弾頭型のAGM-12Eがある。誘導方式はMCLOSだったが、航空機パイロットの負担が大きく、命中するまで照準線上にミサイルと発射母機を置く必要があったため、敵防空火器の攻撃に晒される欠点があった。

これを解消すべく開発されたのが、空対地ミサイルとして世界初の光学コントラスト誘導を採用し、「撃ち放し」を可能とした「AGM-65 マーヴェリック」である。マーヴェリック（Maverick）とは、もともと焼印（所有者を示す）のない牛のことで、転じて、何にも属さない一匹狼な人間を指す言葉となった。「撃ちっ放し」ゆえの愛称である。サブタイプとして他の誘導方式も採用され、また、弾頭を組み替えることでさまざまな目標に対応できる汎用性も持ち合わせていた（巻末一覧表を参照）。

開発はヒューズが行ったが、同社は米国初の実用空対空ミサイルAIM-4を開発しており、AGM-65の外観もAIM-4や同系列のAIM-54によく似ている。なお同社はのちにレイセオンに吸収され、以降はレイセオンが製造を担当している。

第4章では米国を代表する対艦ミサイルとしてAGM-84 ハープーンを紹介したが、その空対地ヴァージョンが「AGM-84E SLAM」だ。AGM-84にAGM-

5.4 空対地ミサイル

米国を代表する空対地ミサイルAGM-65。光学コントラスト誘導や赤外線誘導による「撃ち放し」を実現した。写真では哨戒機P-3Cの翼下に懸吊されている（写真／U.S. Navy）

65FのIIRHシーカー、AGM-62（後述）のデータリンク・システム、そしてGPS機能を加えたもので、湾岸戦争でデビューしている。「SLAM」は「Standoff Land Attack Missile（スタンドオフ対地攻撃ミサイル）」の略であり、「スタンドオフ」の名の通り、長射程を誇る。

米国最新の主力空対地ミサイルが「AGM-158 JASSM（Joint Air-to-Surface Standoff Missile、統合空対地スタンドオフミサイル）」であり、敵の防空網の外から発射することを意図し、長射程化されている。その長射程化により、むしろ巡航ミサイルと呼ぶべき兵器のため、第7章で詳しく取り上げる。

他のミサイルを対地用に改造したものとしては「AGM-87 フォーカス」がある。これは赤外線誘導式の空対空ミサイルAIM-9 サイドワインダーを、誘導方式はIRHのまま空対地用としたもので、ヴェトナム戦争で試験的に実戦使用されたが、開発中止となっている。

同様のお手軽改造兵器としては「AGM-123 スキッパーII」もある。こちらはGBU-16/B誘導爆弾（後述）の尾部に、AGM-45対電波放射源ミサイル（第6章）のロケットモーターを移植したもので、不格好な外見ながら1988年のイラン艦艇攻撃と1991年の湾岸戦争でのイラク艦艇攻撃で実戦使用されている。ま

た、「AGM-130」もGBU-15誘導爆弾（後述）とロケットモーターを組み合わせたものだが、こちらは尾部ではなく下部に抱くようなかたちで取り付けている（燃焼後は分離する）。

また、自国開発ではなく他国の兵器を採用した珍しい例が「AGM-142 ハヴ・ナップ」で、イスラエルの「Popeye」空対地ミサイル（1985年配備）を導入したものだ。

2000年代になると米国は無人航空機を活発に運用するようになるが、それに搭載する空対地ミサイルも開発されている。それが「AGM-176 グリフィン」だ。戦術用の無人航空機はそれほど大きなペイロードを持たないため、ミサイルも小型であり、そのぶん性能もそれなりだ。無人機以外にも、A-29軽攻撃機や、AC-130ガンシップ、KC-130給油機、MC-130特殊作戦機、V-22輸送機などにも搭載できる。

■米国の空中発射式弾道弾

ソ連邦／ロシアの解説でも取り扱った空中発射式弾道弾についても触れておく。1972年に配備が開始された「AGM-69 SRAM」だ。「SRAM」は「Short-Range Attack Missile（短射程攻撃ミサイル）」の略である（同ミサイルの射程160kmは、弾道弾としては短射程）。AGM-86空中発射巡航ミサイル（第7章）と並んで、冷戦期には戦略爆撃機の主兵装だった。ソ連邦のKh-15と同様に、爆撃機胴体内の回転弾倉に装架される。弾道弾であるため、誘導方式は慣性航法だが、電波高度計を搭載し、地形に追従した経路を飛行することも可能だった。弾頭には核出力200kTのW69核弾頭を搭載する。

AGM-69の後継として、「AGM-131 SRAM II」が計画されたが、核戦略の見直しにより開発中止となっている。同ミサイルは戦略核兵器のAGM-131A（核出力200kTのW89核弾頭搭載）以外に、戦術核兵器としてF-15E戦闘機用のAGM-131Bも計画されていた。こちらはW91核弾頭（核出力10kT／100kTの調整式）を搭載する。なお、戦略核兵器と戦術核兵器の違いは、その核出力ではなく射程で判断される。航空機搭載型核兵器の場合は、その航空機の航続距離（行動半径）によって決まる。

近年、弾道弾の応用として「AGM-183 ARRW (Air-lunched Rapid Response Weapon、空中発射即応兵器)」が開発されている。これは空中発射式弾道弾ではあるが、弾頭を切り離し、その弾頭が極超音速滑空体として機能する。2022年5月にはB-52H爆撃機からの発射に成功している。

5.5 誘導爆弾

[ソ連邦／ロシアの誘導爆弾]
■誘導爆弾に消極的なソ連邦

誘導爆弾は、エンジンを搭載しない分だけ弾頭の重量を大きくでき、それだけ破壊力も大きいため、米国は積極的に使用している。本書の冒頭で、イラク戦争で使われた米軍の空対地兵器の68％が誘導兵器だと述べたが、そのうち実に85％が誘導爆弾である。巻末一覧表に露米の誘導爆弾を掲載しているが、米国のラインナップは圧倒的だ。一方のソ連邦は誘導爆弾に消極的で、「КАБ-500 [KAB-500]」くらいしか存在せず、ロシア時代にようやく「КАБ-250 [KAB-250]」や「КАБ-1500 [KAB-1500]」などのラインナップが増えている。

ソ連邦／ロシアでは、航空機搭載の爆弾は「航空爆弾 (Авиационная Бомба)」から「АБ-〇〇 [AB-〇〇]」の型式番号が与えられる（〇〇の部分には爆弾の重量が入る）。そして、誘導爆弾の場合は「軌道修正可能な航空爆弾 (Корректируемая Авиационная Бомба)」の頭文字から「КАБ-〇〇 [KAB-〇〇]」となる。さらに、誘導方式を示す記号がこのあとに続く点はミサイルと同じだ。空対地ミサイルと同様に、レーザー誘導は「Л [L]」（または「ЛГ [LG]」）、衛星航法は「С [S]」だが、画像誘導については、画面を見ながら手動で操作する方式を「ТелевизионноКомандной (テレビコマンド)」の「ТК [TK]」、光学コントラスト式は「Контраст (コントラスト)」の「Кр [Kr]」と、異なる記号を用いる。

さらに、誘導方式に続いて弾頭の種類を示し、通常の炸薬弾頭は「Фугасные (高爆発性)」の「Ф [F]」、サーモバリック弾頭は「Объёмно-Детонирующие (体積爆発)」の「ОД [OD]」、地中貫通弾頭は「Проникание (貫通)」の「Пр [Pr]」と、それぞれ表記される。たとえば、500kgレーザー誘導爆弾は

КАБ-500Л[KAB-500L]、1,500 kg 画像誘導（光学コントラスト式）爆弾でサーモバリック弾頭搭載ならば КАБ-1500Кр-ОД [KAB-1500Kr-OD]、といった具合だ。

現在、ロシアの誘導爆弾には、250kg、500kg、1500kgの3つのクラスがあるのだが、このうち250kg（KAB-250）は21世紀になってから開発されている。これは次世代のステルス戦闘機の機内弾倉にも収まるような小型爆弾が求められたためだ。

新世代の誘導爆弾としては、空対地ミサイルの解説でも触れた「Гром-2 [Grom-2]」がある。空対地ミサイルGrom-1からロケットモーターを取り除いたもので、そのスペースに2つ目の弾頭を入れて、合計で弾頭重量を1.5倍としている。Grom-1同様に折り畳み式の主翼を持ち、その揚力により滑空だけで50kmの射程を有する。後述する米軍のSDB（GBU-39／-53）に似た誘導爆弾である。

［米国の誘導爆弾］
■レーザー誘導で高精度を誇る「ペイヴウェイ」シリーズ

米国の誘導爆弾には「GBU-〇〇」の型式番号が付与される。これは「Guided Bomb Unit（誘導爆弾ユニット）」の略だ。ソ連邦／ロシアの誘導爆弾が専用設計であるのと対照的に、米国は既存の爆弾に誘導装置を取り付けて誘導爆弾化したものが主流となっている。誘導爆弾は「スマート爆弾」とも呼ばれるが、まさにスマートなやり方と言える。これら一連の通常爆弾を誘導爆弾化したものを米軍では「Paveway（ペイヴウェイ）」と呼んでいる。「pave the way」には「道を拓く、舗装する」などの意味があるが、「pave」はまた「Precision Avionics Vectoring Equipment（精密アヴィオニクス偏向装置）」のバクロニムともなっている。

米国の通常爆弾[※9]には、250ポンド爆弾「Mk81」（実際の重量は262ポンド）、500ポンド爆弾「Mk82」（同じく510〜570ポンド）、1,000ポンド爆弾「Mk83」（同じく1,014ポンド）、2,000ポンド爆弾「Mk84」（同じく2,039ポンド）があり、これを誘導爆弾化したものが「ペイヴウェイ」シリーズ

※9: 単純な換算だと、250ポンドは110kg、500ポンドは230kg、1,000ポンドは450kg、2,000ポンドは910kgとなる。

であり、爆弾と制御器や空力舵の組み合わせは多種多様だ。

ペイヴウェイは、当初、レーザー誘導式の「ペイヴウェイ1」と、テレビ誘導式の「ペイヴウェイ2」、赤外線誘導式の「ペイヴウェイ3」が開発されたが、最終的に残ったのはレーザー誘導式のみとなる。そして、レーザー誘導式ペイヴウェイは以降、世代ごとに「ペイヴウェイI」「ペイヴウェイII」「ペイヴウェイIII」と呼称されていく。

ペイヴウェイIは、1965年から投下試験がスタートし、1968年にヴェトナム戦争で初めて実戦使用された。続くペイヴウェイIIは、制御部分を簡素化することで安価になり、尾翼部分が折り畳み式に改良されている。試験は1974年に開始され、生産型の製造は1977年に始まる。ペイヴウェイIIは、天候などの条件がよい場合には平均誤差半径 [※10] 6mと高精度ながら、悪天候に弱く、またレーザー照射が途絶えると誘導も停止してしまう。これらの点を補うため、衛星航法と慣性航法を加えるキットが追加され、天候に左右されず、レーザー喪失後も目標に向かうよう改良された。これを「Enhanced Paveway II」と呼ぶ。このキットが追加されたものは非公式に「EGBU-○○」と「E」の文字が与えられたが、正式の型式番号は「GBU-○○」で変わっていない。

ペイヴウェイIIで興味深いのは「GBU-51/B」だ。これはBLU-126/B爆弾にペイヴウェイキットを取り付けたものだが、このBLU-126/B爆弾とは、目標周辺への巻き添え被害を低減した爆弾なのだ。誘導爆弾の登場によって正確に目標だけを狙えるようになったことで、それ以上の被害拡大を抑制することが求められるという、時代の変化を象徴的に示した爆弾と言える。続くペイヴウェイIIIは、滑空距離が延伸されている。これは発射母機が敵防空網の外から投下できることを狙ったものだ。

ここで改めて、誘導爆弾の投下と滑空距離について説明しておく。推進力を持たない爆弾は、母機から投下された瞬間の速度などの条件に従って、あとは重力に引かれて落下する。グライダーのような大きな主翼があれば揚力を発生させることもできるが、多くの誘導爆弾は、空力的に安定させたり、多少の軌道修正をしたりするための小さな翼が付いているだけだ（ただし、爆弾の胴体が

※10:平均誤差半径とは、誘導爆弾や弾道弾の精度をあらわす尺度。ある目標に向けて投射したとき、その目標を中心に半数が着弾する範囲（半径）を示す。英語で「Circular Error Probability、CEP」と表記される。

第5章　誘導爆弾と空対地ミサイル

発生させる揚力はある）。また、誘導爆弾といえども、修正できる軌道は全体から見るとわずかであり、基本的に重力に引かれて落下していくだけだ。

この「重力に従う軌道」において、「どの軌道に乗せるか（どこに飛んでいくか）」は、投下する瞬間の速度によって結構な幅がある（ここで言う速度とは、速さの大小だけでなく、方向も含める）。たとえば、母機の機首が「上向き」のときに投下すれば、山なりの軌道に乗り飛距離を伸ばせる。この投下方法は、低高度のときに特に重要となる。高高度であれば、そもそも地面に落下するまで相当な時間があるので、そのぶん距離を稼げるのだが、現代では敵に発見されないよう低高度で侵入する戦術が常識となっているからだ。だが、この「上向き投下」を、誘導装置が台無しにしてしまうことがある。投下直後から誘導される場合、地上の目標方向（つまり下向き）に向かうため、すぐに頭を下げてしまうのだ。

そこで、ペイヴウェイⅢでは、自動操縦装置を組み込むことで、投下後すぐに目標に頭を向けず、もっとも効率のよい軌道を描くようプログラムすることが可能となり、射程を延伸させた。加えて、レーザーシーカーの視野の拡大や、翼の大型化も行われた。

1983年に就役したペイヴウェイⅢの平均誤差半径は、最適の条件で1mに達したが、ペイヴウェイⅡ同様にレーザーが途絶えると誘導されなくなるため、やはり衛星航法と慣性航法を追加するキットが登場している。こちらも「Enhanced Paveway III」と呼ばれている。

ペイヴウェイ以外の誘導爆弾についても解説する。先にテレビ誘導式誘導爆弾（ペイヴウェイ2）が開発中止となった話をしたが、これとは別に同方式の誘導爆弾が2種類だけ就役している。それが「GBU-8」と「GBU-9」だ。この両者は姿形がペイヴウェイとはまるで違う。光学コントラスト式を採用した「撃ちっ放し」式であり、「Homing Bomb System（誘導爆弾システム）」から取って「HOBOS」の愛称を持つ。また、GBU-8/-9を発展させたものに「GBU-15」がある。誘導方式はテレビ誘導（光学コントラスト式）もしくはIIRHだ。また、これにロケットモーターを取り付けてミサイル化したものが空対地ミサイルのところで紹介したAGM-130である。

■ペイヴウェイ：型式と搭載弾頭

	型式	弾頭
I	GBU-1/B	M117
	GBU-2/B	CBU-75/B
	GBU-3/B	CBU-74/B
	GBU-5/B	CBU-100
	GBU-6/B	CBU-79/B
	GBU-7/B	CBU-80/B
	GBU-10/B	Mk84
	GBU-10A/B	Mk84
	GBU-10B/B	Mk84
II	GBU-10C/B	Mk84
	GBU-10D/B	Mk84
	GBU-10E/B	Mk84
	GBU-10F/B	Mk84
	GBU-10G/B	BLU-109
	GBU-10H/B	BLU-109
	GBU-10J/B	BLU-109
	GBU-10K/B	BLU-109
I	GBU-11/B	M118E1
	GBU-11A/B	M118E1
	GBU-12/B	Mk82
	GBU-12A/B	Mk82
II	GBU-12B/B	Mk82
	GBU-12C/B	Mk82
	GBU-12D/B	Mk82
	GBU-12E/B	Mk82
	GBU-12F/B	Mk82
	GBU-16/B	MK83
	GBU-16A/B	Mk83
	GBU-16B/B	Mk83
	GBU-16C/B	Mk83

	型式	弾頭
	GBU-22/B	Mk82
	GBU-24/B	Mk84
	GBU-24A/B	BLU-109/B
	GBU-24B/B	BLU-109A/B
	GBU-24C/B	BLU-116/B
	GBU-24D/B	BLU-116/B
	EGBU-24E/B	BLU-109/B
	GBU-24F/B	BLU-116A/B
	EGBU-24G/B	BLU-116A/B
	GBU-24(V)1/B	Mk84
	GBU-24(V)2/B	BLU-109/B
	GBU-24(V)3/B	Mk84
	GBU-24(V)4/B	BLU-109/B
III	GBU-24(V)7/B	Mk84
	GBU-24(V)8/B	BLU-109/B
	EGBU-24(V)9/B	Mk84
	EGBU-24(V)10/B	BLU-109/B
	EGBU-24(V)12/B	BLU-109/B
	GBU-27/B	BLU-109/B
	EGBU-27A/B	BLU-109/B
	EGBU-27B/B	BLU-116/B
	GBU-28/B	BLU-113/B
	GBU-28A/B	BLU-113A/B
	EGBU-28B/B	BLU-113A/B
	EGBU-28C/B	BLU-122/B
	EGBU-28D/B	BLU-122/B
	EGBU-28E/B	BLU-113A/B
	GBU-48(V)1/B	Mk83
	GBU-49(V)1/B	Mk82
	GBU-49(V)2/B	Mk82
II	GBU-49(V)3/B	Mk82
	GBU-50/B	Mk84
	GBU-51/B	BLU-126/B
	GBU-58	Mk81
	GBU-59	Mk81

■慣性航法の採用で、より安価なJDAMシリーズ

　レーザー誘導爆弾はきわめて高精度だが、唯一の欠点は高価であることだ。1990年代に入り、GPSが本格運用され、また慣性航法システムもストラップダウン式のリング・レーザー・ジャイロ（第1章）を用いた小型のものが主流となると、この組み合わせによる誘導兵器が数多く登場し、誘導爆弾にも採用されるようになった。これが現在、ペイヴウェイと並んで誘導爆弾の主力を占める「JDAM（Joint Direct Attack Munition、統合直接攻撃爆弾）」だ。

第5章 誘導爆弾と空対地ミサイル

　1997年に最初のタイプの配備が開始された。JDAMもペイヴウェイ同様に通常爆弾にキットを取り付ける方式だが、レーザー誘導のようなシーカーが必要ないため、頭部には何もつけず、尾部にGPS受信機・慣性計測ユニット(IMU)・その他の電子機器を内蔵した空力舵ユニットを取り付ける。そして、胴体中央には爆弾を包むようにストレイク (strake) ユニットが装着される。これはフィン状の空力構造物で、これで「渦」を発生させることで空気の流れを整え、後方の空力舵の効きをよくする。JDAMは、このストレイクにより空力安定性を確保し、滑空能力も向上させている。

　JDAMの滑空距離は、前述のように投下時の条件によって変化するが、標準的な運用条件で8〜24kmにも達し、ミサイル並みの距離を実現している。JDAMの平均誤差半径は10〜13mで、GPS電波が妨害されたとしても慣性航法により30mに納めている。レーザー誘導爆弾にはおよばないものの、天候に影響されず、レーザー指示器で照準し続ける必要もなく、完全な「撃ち放し」という利点がある（ただし、固定目標にしか使えない）。

　JDAMと同じ仕組みながら、急いで開発されたものに「GPS Aided Munition (GAM)」がある。これはB-2爆撃機に搭載するため開発されたものだが、少量のみ製造されJDAMの就役とともに退役したため、1990年代後半のごくわずかな期間しか運用されていない。

JDAMは、通常爆弾の胴体にストレイク・ユニット、尾部にGPS受信機・慣性計測ユニットなどを含む空力舵ユニットを取り付けて、誘導爆弾化している（写真／U.S. Air Force）

5.5 誘導爆弾

■そのほかの誘導爆弾

ロシアのKAB-250の解説でも触れたが、近年はステルス戦闘機の機内弾倉に収まるよう、小型の爆弾が開発されるようになった。米軍では「SDB (Small Diameter Bomb、小直径爆弾)」がこれに当たる。SDBは、JDAMのように衛星航法と慣性航法を組み合わせた「SDB I」と、さらに終末誘導用シーカーを追加した「SDB II」が開発されたが、SDB IIはいったん開発凍結された。

SDB I (GBU-39/B) は、耐妨害GPSユニットを搭載し、折り畳み式の菱形主翼により、高高度で投下された場合には110kmもの滑空距離を発揮する。さらに新開発の貫通弾頭により小型ながら2,000ポンド級貫通爆弾並みの貫通力まで有している。また、開発凍結となったSDB IIは、のちに開発が再開され、「GBU-53/B」として採用された。終末誘導にARH、IIRH、SALHの3種のシーカーを備え、状況に応じて最適なものを使用する「誘導爆弾の総決算」とも言える兵器となった。

また、小型の誘導爆弾としては、無人航空機用の誘導爆弾も開発されている。「GBU-44/B」だ。投下重量20kgときわめて小型で、無人航空機のほかAC-130WガンシップやKC-130J給油機からも投下できる。

『アウトブレイク』という映画の冒頭、米軍がサーモバリック爆弾でアフリカ奥地の村を焼き払うシーンがある。ここで使われた爆弾 (無誘導) がBLU-82 [※11] だが、その後継にあたる誘導爆弾が「GBU-43/B」だ。弾頭の中身にはトリニトロトルエン (TNT) とアルミニウム粉末を混合したものと言われている (非公開)。投下重量9,800kgという怪物のごとき爆弾であり、「Massive Ordnance Air Blast (大規模エアブラスト爆弾)」を略し「MOAB」と呼ばれる。

しかし、この巨大な爆弾ですら米国最大ではない。同国でもっとも大きな爆弾が「GBU-57A/B」であり、「Massive Ordnance Penetrator (大規模貫通爆弾)」を略し「MOP」と呼ばれる。名前の通り地中貫通爆弾で、重量は30,000ポンド (13.6トン) に達する。イラク戦争において、それまで最強の地中貫通爆弾であったGBU-28ですら充分でないほどの強固な地下施設があったことから開発されたものだ。映画『シン・ゴジラ』では、MOPの改良型という設定のMOP IIがゴジラに対して投下されている。おそらく移動目標に対応し

※11：BLU-82は、映画でも描かれている通り、爆撃機ではなく輸送機から投下される。

た改良ということだろう。

クラスター爆弾を誘導爆弾化したものに、「CBU-103」と「CBU-105」がある。「CBU」は単にクラスター爆弾を示す型式記号だが、誘導爆弾である。両者とも既存のクラスター爆弾に「WCMD (Wind Corrected Munitions Dispenser)」と呼ばれる誘導キットを尾部に追加している。また、同じWCMDを用いたものに「CBU-107」があるが、こちらは当初から誘導爆弾として開発されている。

ミサイルの型式記号「AGM」を付与された誘導爆弾も存在する。ひとつは1960年代に登場した「AGM-62 ウォールアイ」だ。世界初の光学コントラスト式誘導兵器であり、のちに空対地ミサイルAGM-65 マーヴェリックの開発へと繋がっていく。実はこの技術は、海軍兵器試験センター (当時) の技術者、ノーマン＝ケイの趣味から生み出された。彼は映像のなかの輝点を追跡する装置を製作 (1958年) していたのだが、研究を進めて4年後に、光学コントラスト式誘導として実用化させている。

もうひとつ、「AGM-154 JSOW」は、1998年12月のイラク空襲でデビューした誘導爆弾だ。「JSOW」とは「Joint StandOff Weapon (統合スタンドオフ兵器)」の略である。名前が似たものに空対地ミサイルAGM-158 JASSM (統合空対地スタンドオフミサイル) があるが、名前だけでなく外見もよく似ている。外見だけで言えば、AGM-158からエンジンを取り除き、一回り小さくしたもの、と言えるだろう。スタンドオフの名の通り、長距離を滑空する。AGM-154Aは慣性航法と衛星航法を用いるが、AGM-154Cでは終末誘導にIIRHが加わり、精度を上げている。なお、クラスター弾頭搭載のB型も計画されたが、不採用となっている。

第6章
対電波放射源ミサイル

■プラットフォームと目標
プラットフォーム：航空機（敵防空網制圧〈SEAD〉にて使用）
目標：レーダー施設

■誘導方式
●レーダー誘導（電波誘導）
パッシヴ・レーダー・ホーミング

防空網制圧がその後の作戦の成否を決める

米国が、その歴史上唯一敗北した戦争がヴェトナム戦争だ。敗北の理由はいくつかあるものの、そのひとつとして完全な制空権を得られなかったことが挙げられる。ドイツと日本を屈服させた世界最強の米空軍を迎え撃ったのは、ソ連邦から導入された防空システムだった（第3章）。

ヴェトナム戦争以降、敵地を空襲するにあたって、事前に敵の防空網を制圧すること（Suppression of Enemy Air Defence、SEAD）は一般的な手順となった。この「制圧」の手段のひとつが、敵のレーダーを破壊することだ。これは空襲の最初に、あるいは戦闘そのものの最初に行うべき、もっとも重要な任務である。レーダーはもっとも重要な「目」であり、それを潰してから攻撃を加えることで、敵による迎撃を困難にし、味方航空部隊の安全を高め、以降の攻撃の成功率を飛躍的に向上させることが期待できるからだ。

このレーダー破壊のために開発されたミサイルこそ、「対電波放射源ミサイル（Anti-Radiation Missile、ARM）」だ。

対電波放射源ミサイルの誘導方式

6.1 パッシヴ・レーダー・ホーミング

■受動的に敵のレーダー波を受信するミサイル

第2章で紹介したレーダー誘導は「こちらのレーダーから発信した電波が、目標で反射して返ってくる反射波を受信して、そちらに向かう」というものだった。今回の場合、こちらから電波を発信してやる必要はない。なぜなら、狙うのは自らが電波を発信しているレーダー施設だからだ（つまり、[目標との相対位置確認、原理B.]を目標自身が行ってくれる）。ミサイルには受信機だけ積んでおいて、敵が発信してくれる電波に向かって飛んでいくだけでよい[目標への移動ルート決定、原理C.]。こうした受動的（パッシヴ）に敵のレーダー波を受け取る誘導方式を「**パッシヴ・レーダー・ホーミング（Passive Radar Homing、PRH）**」と呼ぶ。

6.1 パッシヴ・レーダー・ホーミング

対電波源放射ミサイル

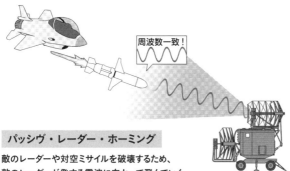

パッシヴ・レーダー・ホーミング

敵のレーダーや対空ミサイルを破壊するため、
敵のレーダーが発する電波に向かって飛んでいく。
単純に思えるが、目標とする敵レーダーの電波の波長を事前に把握しておかなければ
ならない。そのためには平時からの電波情報収集(ELINT)が重要となる。

対電波放射源ミサイルに求められる性能

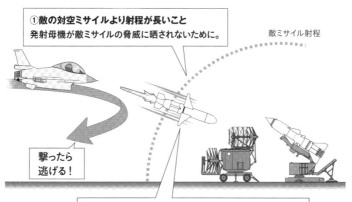

①敵の対空ミサイルより射程が長いこと
発射母機が敵ミサイルの脅威に晒されないために。

敵ミサイル射程

撃ったら逃げる!

②速度が速い
目標到達時間が短くなり、敵が攻撃に対処できる時間が
短くなる。反撃される可能性も減らせる。

第6章　対電波放射源ミサイル

敵がレーダーをオフにしたら…

このあたりのはず…

①オフになった時点の目標位置に向かう

事前に位置を把握しておき、慣性航法や衛星航法でその位置に向かう。米国のAGM-88[※a]など。

上昇し、パラシュートを展開

②再びレーダーがONになるまで滞空して待つ

レーダーを切りっ放しにすることはできない（防空網に穴が開いてしまう）ので、いったん滞空し、再起動後に改めて目標に突入する。英国のALARMなど。

※a:最新型（AGM-88E）では、ARHを用いる。

ずいぶんと簡単な方法だと、思うかもしれない。ところが、発信源が相手任せなだけに、それに起因する難しさがある。まず、目標のだいたいの方位を知っておく必要がある。ミサイルに内蔵されている受信アンテナの受信範囲は限られているため、その範囲（角度）内に目標をおさめておかなければならない。

次に、目標が発する電波の波長（周波数）を事前に知っておく必要がある。受信機はどんな周波数でも受信できるというわけではなく、相手の周波数に合わせておかなければならないからだ。もっとも初期のARMである米国の「AGM-45 シュライク」では、受信周波数帯の異なる11種類のサブタイプが用意されていた。しかしこれは兵站面でとても無駄が多い。そのため、近年は受信できる周波数を調整できるようになっている。

そもそも、事前に敵が使用するレーダーの周波数帯がわからなければ、ミサイルを誘導することができず、有効な攻撃とならない。このため、さまざまな電波情報収集活動により平時から敵が使用する周波数帯を調査する必要があり、これは電子戦でも重要な位置を占めている。

■対電波放射源ミサイルに求められる性能

PRH方式のミサイルは「相手の対空ミサイルより射程が長く、速度も速いこと」が望ましい性能とされる。相手の対空ミサイルより射程が短いと、発射母機（戦闘機）がそのミサイルの脅威に晒されることになるし、ミサイルの速度が遅いと敵に対応する時間を与えるだけでなく、敵レーダーにより発射母機が捕捉される可能性も高まる。加えて、一撃で確実に目標を破壊する（少なくともレーダーアンテナを破壊する）だけの弾頭威力が欲しいところだ。

また、敵の電波発信源を目印にする都合上、ミサイルが発射された目標を追跡している途中で、目標がレーダーをオフにした場合の対策も考えておかねばならない。ひとつには、そのままの経路を維持して突っ込む方法がある。あるいは、レーダーがオフになった時点の目標の位置に、依然として目標が存在し続けるものとして、そこに向かって慣性航法で飛行するという方法もある。しかし、この両者では不確実さが残るため、対電波放射源ミサイルのなかには、目標がレーダーをオフにした場合、再びオンになるまで周辺を滞空して待つものもある。

第6章　対電波放射源ミサイル

対電波放射源ミサイルの発展史

6.2　対電波放射源ミサイル

[ソ連邦／ロシアの対電波放射源ミサイル]
■対地・対艦ミサイルを転用

　ソ連邦初の対電波放射源ミサイルは、空対地ミサイルKh-25（第5章）を転用した「Х-27ПС [Kh-27PS]」で、1980年に採用されている。機体後半部はKh-25とほぼ同じだが、シーカーの変更により前半部が大きく変わっている。また、Kh-25Mを転用した「Х-25МП [Kh-25MP]」も開発されている。末尾の「П [P]」はパッシヴ [Пассивный] の意味だが、なぜ「Kh-27○○」ではなく、「Kh-25М○」へ数字が戻っているのかは謎だ。Kh-25MPが電波を受信できる範囲は、左右各30度、上20度、下40度である。さらに改良型の「Х-25МПУ [Kh-25MPU]」は、目標が電波送信を停止した場合に備えて、慣性航法装置を搭載した。また受信できる周波数帯が広がり、射程も大幅に延伸されている。

　ただ、Kh-25 / -27系の性能が不充分と判断されたことから、完全新規設計の対電波放射源ミサイルが開発された。それが「Х-31П [Kh-31P]」（1988年制式採用）だ。空対艦型（ARH）のKh-31Aについては第4章で紹介した。固

対電波放射源ミサイルKh-31。周囲4本の円筒はラムジェットエンジン用空気吸入口。固体燃料の燃焼終了後に蓋が外れるようになっている
（写真／多田将）

150

体燃料ロケットにより超音速まで加速し、それが燃え尽きたのちにラムジェットエンジンが始動し、最大速度マッハ4.5を発揮する。胴体4カ所に突き出した空気取入口が特徴的な外観を成している。さらに受信電波帯域を広げ、弾頭を大型化した「X-31ПД [Kh-31PD]」がある。重量が増えたものの推力制御を改善することで射程は延伸した。

以上はスヴェズダ設計局で開発されたが、ライヴァルのラドゥガ設計局でも対電波放射源ミサイルは開発された。その最初のものが「X-28 [Kh-28]」で、こちらも1973年から運用が開始された。「28」という番号は、Yak-28戦闘機に搭載することを前提としたためだ。同設計局の空対艦ミサイルKh-22（第4章）の「縮小版」といった形状となっている。

ラドゥガの第2世代目となるのが「X-58 [Kh-58]」で、電子装備を一新した「X-58У [Kh-58U]」では、周波数アジリティ（周波数を迅速に変化させ妨害や干渉を避ける能力）に優れたレーダーにも対応できるようになった [※1]。1978年に制式採用されたミサイルだが発展を続け、近年では次世代ステルス機Su-57の機内弾倉に搭載できるよう全長を詰めて翼幅も短くした「X-58УШК [Kh-58UShK]」が開発されている。

ソ連邦で特徴的なのは、爆撃機用の大型ミサイルにも対電波放射源型があることだ。Kh-15空中発射弾道弾（第5章）に対する「X-15П [Kh-15P]」、空対艦ミサイルKh-22/-22M（第4章）に対する「X-22П [Kh-22P]」および「X-22МП [Kh-22MP]」、空対艦ミサイルKSR-5（第4章）に対する「КСР-5П [KSR-5P]」が開発されている。また、空対艦ミサイルKSR-2をもとにした「КСР-11 [KSR-11]」もある。

[米国の対電波放射源ミサイル]
■対空ミサイルをもとに開発

ソ連邦が空対地／空対艦ミサイルをもとに対電波放射源ミサイルを開発したのとは対照的に、米国は空対空ミサイルをもとに開発を行っている。同国最初の対電波放射源ミサイルは、空対空ミサイルAIM-7 スパロー（第2章）をもと

※1：つねに決まった周波数を送信していると、敵に探知されやすく、また妨害も受けやすい。そこで送信周波数を適宜変化させることを「周波数ホッピング」と呼び、これを迅速に行う能力を「周波数アジリティ」と呼ぶ。詳しくは拙著『兵器の科学4 レーダーと電子戦』（明幸堂）を参照。

第6章　対電波放射源ミサイル

に開発された「AGM-45 シュライク」で、1965年から配備されている。最初のモデルAGM-45Aは射程が16kmと、当時ヴェトナム戦争で「主敵」とした地対空ミサイルS-75（第3章）の射程（42km）より大幅に短かったため、射程を40kmまで延長したAGM-45Bが開発されている。また、このA/Bという区分のほかに、受信機の帯域が異なる11のサブタイプが存在する。これは、当時の電子装備が広い周波数帯域に対応できなかったため、目標の周波数ごとに電子装備を入れ換えていたためだ [※2]。

AGM-45の射程が短いことから、より射程の長い艦対空ミサイルRIM-66 スタンダード（第3章）をもとに「AGM-78 スタンダードARM (Anti-Radiation Missile、対電波放射源ミサイル)」が開発された（1968年就役）。射程は90kmとなり、受信する帯域も広がったが、高価なため依然としてAGM-45も使用された。

AGM-45を完全に置き換えたのは「AGM-88 HARM」だ。1985年に初期作戦能力を獲得した古いミサイルではあるが、現在も後継機が登場していないことが示すように、米国の対電波放射源ミサイルの決定版と呼ぶべき存在だ。HARMとは「High-speed Anti-Radiation Missile」の略で、敵レーダーに対応する時間を与えず、迅速に攻撃することを旨とするミサイルであることを示している。

AGM-88には3つのモードがある。「Pre-Briefed (PB)」モードは、すでに攻撃すべき敵レーダーを決めている場合で、早期に発射し、慣性航法で目標に向かい、ミサイルの受信機がレーダー波を受信したのちロックオンするもの。敵がレーダーを切るなど、ロックオンできない場合には自爆する。「Target Of Opportunity (TOO)」モードは、航空機に搭載された状態でミサイルの受信機がレーダー波を受信した際に、パイロットが手動で発射するもの。そして、「Self-Protect (SP)」モードでは、航空機側のレーダー警戒装置が敵のレーダー波を検知した際に、航空機に搭載されたHARM専用火器管制システムが攻撃すべき目標を決定し、ミサイルに送信したのち、自動でミサイルを発射する。

AGM-88の最新型であるAGM-88Eはイタリアとの共同開発で、敵がレーダーをオフにした場合に備えて、ARHを搭載している。また、ラムジェットエンジンにより射程を延長するAGM-88Gが開発中である。

※2:これらサブタイプを表記するときは「AGM-45B-9A」のように表記される。

第7章
対地巡航ミサイル

■プラットフォームと目標
プラットフォーム：航空機、艦艇（水上および潜水艦）、車輌
目標：固定の施設（指揮統制施設、通信施設、飛行場など）

■誘導方式
●地形等高線照合（TERCOM）
●ディジタル風景照合エリア相関（DSMAC）

第7章　対地巡航ミサイル

巡航ミサイルとは「無人航空機」だ

数百～数千km以上の射程を持つ長射程ミサイルの双璧をなすのが、弾道弾と対地巡航ミサイルだ。「巡航ミサイル（cruise missile）」は、長距離を自律的に巡航飛行するミサイルであり、第4章で解説した対艦ミサイルも巡航ミサイルに含まれるが、本章では対地攻撃用途のミサイルについて解説する。

弾道弾が、弾頭を軌道に乗せるまでエンジンを稼働させ、あとは重力に任せて楕円軌道を描く「無動力」運動をするのと対照的に、巡航ミサイルは目標に達するまでエンジンを稼働させ続け、主翼で揚力を得て水平飛行を維持する。巡航ミサイルは、「無人航空機」であると言える。そして、航空機であるため軌道を好きに選ぶことができ、途中で軌道を変更したり、敵の防空火器を回避するために激しい空中機動をすることも可能だ。

エンジンも航空機と同様にジェットエンジンを使用する。長距離を巡航するため、燃焼時間の短いロケットエンジンは適していないからだ。そして、ジェットエンジンは酸化剤として周辺の空気（酸素）を必要とするため、大気圏内での飛行が前提となる。そもそも、翼で揚力を発生させることも、大気圏内の飛行に限定される要因のひとつだ。

■敵の迎撃を回避する2つの方法

ミサイルは可能な限り相手に対処されにくくしたほうが、目的を達成する確率が上がる。大気圏内を飛行する巡航ミサイルが、対処されにくくするには、主に2つの方法がある。

ひとつは高速で飛行することだ。そうすれば、相手がミサイルを発見してから対処できるまでの時間が短くなる。ミサイルの世界で「高速」とは超音速の領域を意味するが、これを長距離・長時間にわたって維持しようとすると、空気の薄い高空を飛行しなければならない。低空では空気の密度が高いために、空気抵抗が大きいだけでなく、その圧縮熱［※1］による影響も大きくなる。

高速で飛翔するためには、空気抵抗を小さくするために翼に大きな後退角をつけたり、小さくしたりする必要がある。なお、揚力は対気速度の二乗で作用するため、高速であればあるほど小さくすることができるが、空気の密度にもよ

※1：温度は分子のエネルギー密度を表わす値なので、空気を圧縮すると、同じエネルギーの分子が狭い場所に集まることとなり、温度が上昇する。これを「圧縮熱」という。宇宙船や隕石などが、極超音速で大気圏に突入したときに高温になるのは、このためだ。超音速で飛行するミサイルも圧縮熱により機体が高温になってしまうため、対策が必要となる。

巡航ミサイルとは「無人航空機」だ

巡航ミサイルとは

長射程ミサイルの双璧——弾道弾と巡航ミサイル

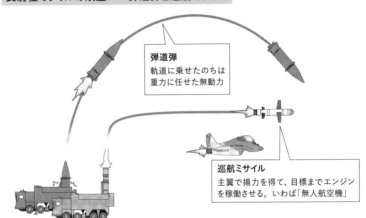

弾道弾
軌道に乗せたのちは重力に任せた無動力

巡航ミサイル
主翼で揚力を得て、目標までエンジンを稼働させる。いわば「無人航空機」

航空機と同様に飛行できる

巡航ミサイルは「航空機」と同様に飛行ルートを自由に変えることができる。また、防空火器の砲火を避けるための激しい空中機動すら可能だ

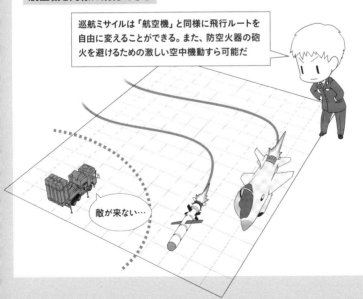

敵が来ない…

第7章 対地巡航ミサイル

敵の迎撃を回避する2つの選択肢

①高速（超音速）で飛行する
高速により相手の対処時間を短くする。超音速を長時間・長距離にわたり維持するため、空気の薄い高高度を飛行しなければならない。

地平線

②低空を飛行する
ギリギリまで地平線の下に隠れることで発見を遅らせて、相手の対処時間を短くする。ただし、低空は空気の密度が濃いため、亜音速が基本となる[※a]。

①高速飛行の巡航ミサイル
「極超音速誘導弾」（日本）
揚力は対気速度の二乗で作用するため、高速（超音速）で飛行する巡航ミサイルの翼は小さくて良い。日本が開発中の極超音速誘導弾はスクラムジェット・エンジン（第1章）によりマッハ8〜9を発揮する。

②低空飛行の巡航ミサイル
「BGM-109 トマホーク」（米国）
長距離を効率よく飛行するため、旅客機のように幅広で後退角の小さな翼を持つ。トマホークは対地巡航ミサイルの代表例で、亜音速で1,600km以上を飛行する（ブロックⅣ／Ⅴ型）。

※a：最終段階で超音速に増速する巡航ミサイルも存在する（ソ連邦のP-500／P-1000対艦ミサイルなど）。

156

るため、設計段階で飛行高度を設定しておく必要がある。

　もうひとつが、発見そのものを遅らせることだ。これも発見から対処までの時間を短くできる。具体的な手段は、低空を飛行することだ。第4章の対艦ミサイルの説明でも水平線問題に触れたが、地球が丸いために地平線が存在し、「見通し距離」という観測限界が生まれる（地平線の向こう側は見えない）。この見通し距離は、観測者（敵のレーダー）の高度と、対象（ミサイル）の高度の関係で決まる。敵の高度は、こちらでは変えようがないので、ミサイルの飛行高度をできるだけ下げることで相手の見通し距離に入ることをぎりぎりまで回避する、つまり発見を遅らせることができる。しかし、前述した空気の問題のため、低空域での飛行速度は亜音速となり、揚力を得るための翼は、旅客機のように幅広で後退角の小さなものとなる。

　以上のように、巡航ミサイルは「高空を高速で突っ切るか、低空を低速で密やかに飛行するか」の2つに分かれている。前者の究極形と言うべきものが、近年話題になっている「極超音速巡航ミサイル」で、後者の代表と言えるのが米国の「トマホーク」やロシアの「カリブル」だ。

カスピ海上よりシリアに向けて、艦艇発射対地巡航ミサイル3M14「カリブル」を発射するロシア海軍艦艇。この攻撃は、排水量わずか950トンの小型艦艇より実施されことが注目された。詳細は7.5節で述べる（写真／Ministry of Defence of the Russian Federation）

第7章 対地巡航ミサイル

対地巡航ミサイルの誘導方式

7.1　地形等高線照合

■「カー・ナヴィゲーション・システム」に似ている！？ 地図を見て進む方式

　ここからは「低空を密やかに」飛行する巡航ミサイルの誘導方式について解説していこう。低空で問題になるのは、地表が水面と違い平坦ではないことだ。著者の住む茨城県は平らなことで有名だが、それでも多少の起伏はある。仮に起伏を避けるため、飛行高度をルート上のもっとも高い地点より、さらに上の高度に設定すると、「低空を密やかに」ではなくなってしまう。そこで、山があれば高度を上げて回避し、谷があればそれに沿って高度を下げて身を隠しつつ飛行する、ようするに「地形に合わせて高度を変える」ことが理想的な飛び方となる。

　有人航空機ならば、地図を参照しつつ目視で地形を確認して高度や飛行ルートの操作を行うが、無人航空機である巡航ミサイルもまた、これと同じことをする。それが「**地形等高線照合 (TERrain COntour Matching、TERCOM)**」式航法だ。

　あらかじめ地形図をミサイルに記憶させておき [目標との相対位置確認、原理B.]、飛行ルート上のそれぞれの場所での高度や変針のタイミングを設定しておく [目標への移動ルート決定、原理C.]。人間なら目視で地形を確認するところを、巡航ミサイルはレーダーで自分と地面とのあいだの距離を測定し、それを地形図と照らし合わせて、高度や針路を修正しつつ飛行する。こうすることで目標に向けて「地を這う」飛行が可能となるわけだ。

　この方式は、すべてがミサイル本体のなかで完結しているため、誘導というよりは航法と呼ぶのが相応しいだろう。亜音速の長距離巡航ミサイルは、基本的にこの航法で飛行し、近年のミサイルでは精度を高めるために衛星測位システムが併用されている。地図を見つつ、かつ自分の位置を確認しながら飛行するさまは、まさに私たちが日常的に行っている車の運転と似ているかもしれない。

対地巡航ミサイルの誘導方式

地形等高線照合（TERCOM）
あらかじめ記憶した地形デジタルマップとミサイルのレーダー高度計の数値を比較。

ディジタル風景照合エリア相関（DSMAC）
あらかじめ記憶した風景写真（ディジタル化された可視光画像）と、目の前の風景を比較。

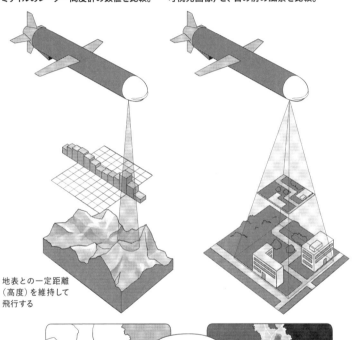

地表との一定距離（高度）を維持して飛行する

Googleマップで言うと…

TERCOMは模式化された地図

DSMACは衛星画像

第7章 対地巡航ミサイル

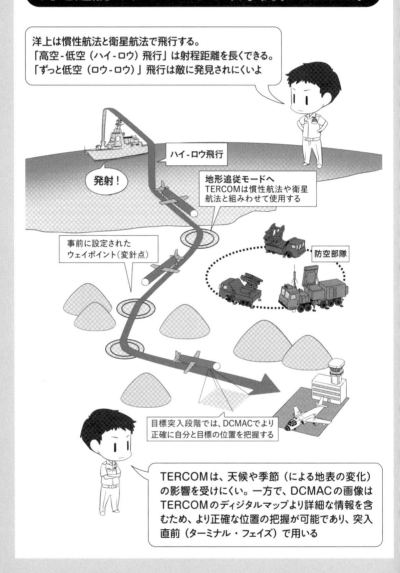

7.2 ディジタル風景照合エリア相関

■「風景写真」を参考に、より詳細な地理地形情報を照合

　カーナヴィにせよGoogleマップにせよ、模式化された地図と、実際の場所で見る風景の印象では、ずいぶん違うことが多い。立体的な画像というものは、単なる平面的な地図よりもはるかに多くの情報を与えてくれる。たとえば、Googleマップを使うときに、通常の地図と衛星画像、その両方で確認すると、その場所の状況をより深く把握できる。このとき、通常の地図を前述のTERCOMだとすると、衛星画像に相当するのが「**ディジタル風景照合エリア相関（Digital Scene Matching Area Correlator、DSMAC）**」だ。

　これは、ミサイルに搭載されたカメラによって眼下の風景を観ながら、その風景をあらじめミサイルの計算機（コンピューター）に記憶させておいた地形の画像と比較して、自分の飛行位置を確認するものだ［自分の位置の確認、原理A.］。地形画像を用意しておかねばならないので、目的地や飛行ルート上の衛星画像を事前に撮影しておく必要がある。Googleマップでは現在と異なる古い画像が出てくることもあるが、このDSMACで使う画像は、当然ながら最新の画像を用意しておく必要がある。画像は、光学コントラスト式誘導（第5章）のように、そのコントラストで認識する。

　DSMACの精度は高く、1991年の湾岸戦争では、当時まだ完全運用前だったGPSによる精度を上回ったほどだ。原理そのものは1950年代に考え出されたものながら、画像処理に計算機の容量を喰うため、小型・高性能な計算機無しには実用的ではなく、巡航ミサイルに実装されたのは1980年代からとなった。それ以降、対地巡航ミサイルではTERCOMとDSMACの両方を搭載することが標準となっている。

　DSMACだけにしないのは、Googleマップが衛星画像だけでは見にくく、普通の地図と併用にすることでより分かりやすくなるように、両者の併用が精度を高めることになるからである。

第7章 対地巡航ミサイル

データリンクによる目標位置の更新

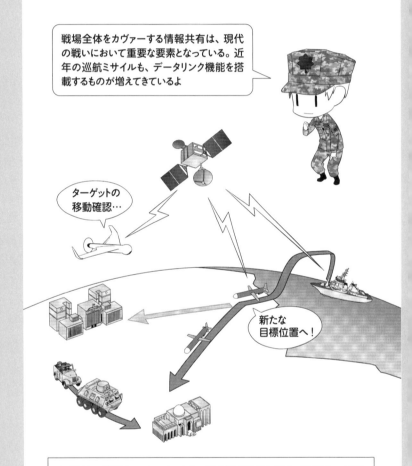

7.3　データリンク

■目標の変化に対応できる柔軟性により攻撃効率を向上

　友軍同士で情報を共有するデータリンクは、陸海空を問わず、いまや軍事で必須の能力となっているが、それがミサイルにも搭載されるようになってきている。これは無線指令誘導（第3章）のように、単にミサイルに指令を送るということではなく、より複雑な情報を共有するということを意味する。リンクの繋がった場所のすべてで、まるで自分も「そこにいる」かのように情報を得られることが理想と言える。自分で観測できる範囲の情報は限られるが、友軍の展開する広範囲な情報がリアルタイムで得られるならば、できることの幅は一気に広がるだろう。

　巡航ミサイルは長距離・長時間を飛行し、「無人航空機」としての色合いが強いことから、近年登場した巡航ミサイルにはデータリンク機能が搭載されているものが多くある。長射程であるということは、とても広い範囲を戦場としているわけであり、遠くの離れた場所の情報がきわめて有用となる。

　また、飛行時間が長いために「リアルタイムの情報共有」が大きな意味を持つ。たとえば、巡航ミサイルの標準的な速度である800km/hで飛行するとして、射程400kmなら目標到達まで30分かかる。これが射程800kmなら1時間、2,000kmともなれば2時間半もかかってしまう。このあいだに目標地点の状況が変化していることは充分にあるだろう。米国は敵対国家や勢力の首脳をピンポイントに直接狙う斬首攻撃に、たびたび巡航ミサイルを使用しているが、数分の差で標的を逃がしてしまった事例もある。

　データリンクを活用すれば、ミサイルの飛行中に状況が変わってしまった場合に、目標を変えたり作戦を中止したりすることもできる。さらに、発射時には最終目標を定めず、飛行途中で目標を決定する、といった使い方も可能だろう。これにより攻撃の機会を逃がす可能性を減らし、より効率的で実効性のある長距離攻撃が可能となる。

対地巡航ミサイルの発展史

7.4 空中発射式巡航ミサイル

■戦略兵器から戦術兵器への変化

空中発射式巡航ミサイルは、冷戦期には戦略爆撃機の主兵装として、核弾頭を搭載して核抑止力の一翼を担っていたが、冷戦後は、核弾頭型も依然として運用されているものの、通常弾頭型が実戦使用されるようになった。これは二大国間での対立から、地域紛争や対テロ戦争において中小国や武装勢力を相手に使用されるようになったためだ。また、従来の戦術兵器としての空対地ミサイルが、敵の防空網の射程外から攻撃するため長射程化したことで、次第に巡航ミサイル化している。

[ソ連邦／ロシアの空中発射式巡航ミサイル]
■21世紀に入り、通常弾頭型が登場

ソ連邦で開発された空中発射式巡航ミサイルの代表は「X-55 [Kh-55]」だ。1983年に制式採用された。ソ連邦時代には、このミサイルと、そのヴァリエイションしか存在しなかったと言ってもよい。

搭載されたターボファン・エンジンは、発射前はミサイル本体に収納されているが、発射後に飛び出し、吊り下げた状態で稼働する。このR95-300エンジンは傑作で、後継のKh-101 / -102や艦艇発射式の3M14 (ともに後述)、空対艦ミサイルKh-35 (第4章)、空対地ミサイルKh-59 (第5章) などにも使われている。Kh-55は2,500kmもの射程を有し、胴体下に流線形の増槽を追加したKh-55SMでは3,500kmにも達する。Kh-55は亜音速であるため、この長大な航続距離の飛行に3～4時間を費やす。そのため電子機器の電源が電池では不充分で、発電機を搭載している。誘導方式はTERCOMと慣性航法の組み合わせであり、DSMACを追加したKh-55OKも開発された。さらに改良型のKh-555では衛星航法が加わり、平均誤差半径を20mまで縮めた。

Kh-55は冷戦期には核弾頭を搭載し、核抑止力の一翼を担ったが、21世紀になって通常弾頭型が登場した。シリア内戦で初投入され、ウクライナ戦争で

も使用されている。

　Kh-55の後継が、ロシア時代になって開発された「X-101 / -102 [Kh-101 / -102]」（2013年制式採用）で、前者が通常弾頭、後者が核弾頭を搭載する。下部に本体と一体化した増槽を備え、「おむすび型」の断面形状となり、ステルス性も考慮されている。誘導方式は慣性航法と衛星航法、TERCOMとDSMAC、さらにデータリンクにより指揮処との通信も可能である。終末誘導はARHもしくはテレビ誘導（おそらく光学コントラスト式）だと見られている。このため、平均誤差半径は6～9mまで向上している。

［米国の空中発射式巡航ミサイル］
■冷戦終結により二転三転した戦略用途の巡航ミサイル

　まず、空軍の戦略爆撃機に搭載するものから説明していく。最初の戦略巡航ミサイルが1960年に就役した「AGM-28 ハウンドドッグ」で、主翼と垂直尾翼を備えて「無人航空機」といった出で立ちだった。サイズも航空機並みで、B-52爆撃機の両翼下に1発ずつしか搭載できなかった。誘導方式は慣性航法で、発射前の段階では天測航法［※2］も用いた。このころの慣性航法は未熟で、平均誤差半径は3,500mと精度が悪く、弾頭オプションは核弾頭のみだ。最大射程を発揮する場合は、高空をマッハ2.1で駆け抜けるが、速度・射程とも大きく落ちるものの最低30mの低高度を飛行することもできる。

　米国の戦略爆撃機部隊は、1960年代までは高空を高速で駆け抜けるスタイルを採用したが、その高速であっても迎撃できる迎撃機（MiG-25）が登場し、また地対空ミサイルの高性能化によって、その戦術を放棄する。そして、発見されにくい低空から侵攻するB-1爆撃機の開発がスタートすると、搭載する巡航ミサイルにも、亜音速だが低空を飛行するものが求められるようになった。

　そうした変化を背景に、TERCOMを実装した「AGM-86 ALCM［※3］」（初期モデルのAGM-86A）が開発されたが実用化されなかった。そこで、より長射程の空中発射式巡航ミサイルとして海軍が採用を決めていたBGM-109 トマホーク（後述）の空中発射型「AGM-109」と、AGM-86Aの機体延長型で、競作することとなる。結果、後者が「AGM-86B」として実用化された。弾頭はW80核弾頭を搭載し、TERCOMにより平均誤差半径は90mまで縮まった。

※2：天測航法（celestial navigation）とは、潜水艦発射式弾道弾などに使われている方法で、天体の見え方を観測することで自分の位置を測定する。慣性航法は、まず自分の初期位置［原理A.］を把握することが重要であると第1章で解説したが、その初期位置把握の精度を高めるために用いられる。

※3：ALCMはAir Launch Cruise Missile（空中発射巡航ミサイル）の略。

第7章　対地巡航ミサイル

　AGM-86Bの生産は1986年に終了したが、同じ年に、そのうちの一部が通常弾頭型のAGM-86Cに改造されている。単に弾頭を置き換えただけでなく、誘導方式も衛星航法と慣性航法の組み合わせに変更された。さらに、より重い弾頭のAGM-86CブロックIへと改造され（C型・B型より改造）、また地中貫通弾頭を搭載したAGM-86Dにも改造された（B型より改造）。なお、これら通常弾頭型は後継のAGM-158（後述）の実用化により退役したが、核弾頭型（B型）は後継機が「先に退役」したため現在も現役にある。

　その「先に退役した後継機」が1990年に就役した「AGM-129」だ。「ACM（Advanced Cruise Missile、先進型巡航ミサイル）」の名に違わず、レーダー反射断面積を大幅に低減したステルス巡航ミサイルであり、TERCOMの高度測定もレーダーではなくレーザーを用いるなど、徹底した対策がなされている。射程もAGM-86Bの1.5倍に延長され、きわめて先進的な戦略巡航ミサイルと

AGM-86B（写真上）とAGM-129（写真下）。AGM-129はレーダー反射断面積を低減した、先進的なステルス巡航ミサイルだったが、政治的理由から早期の退役となった（写真／National Archives）

7.4 空中発射式巡航ミサイル

空海軍共通ミサイルとして開発されたAGM-158 JASSMの模型。現在は、この射程延伸型であるJASSM-ER（ERは射程延伸型の意味）が開発中である（写真／U.S. Air Force）

して、AGM-86Bを完全に置き換える計画であった。しかし、就役直後に冷戦が終結したことで、調達数は大幅に削減されてしまう。さらに、戦略兵器削減条約［※4］により、先進性ゆえに廃棄対象に選ばれてしまった。まさに政治の波に呑まれた悲運の超兵器と言えるだろう。

2010年代に入り、AGM-86Bの後継機として「AGM-181」［※5］の開発がスタートし、現在も開発中である。

■空対地ミサイルから発展した戦術用途の巡航ミサイル

次に戦術巡航ミサイルについて解説する。これらは、先に述べた通り敵の防空網の射程外から攻撃できるよう、空対地ミサイルが長射程化した結果、巡航ミサイル化したものだ。

まず紹介するのは空対地ミサイルAGM-84E（第5章）を巡航ミサイル化した「AGM-84H」だ。E型の段階ですでに「スタンドオフ対地攻撃ミサイル（SLAM）」の名を冠していたが、これをさらに長射程化したものがH型である。そのため「ER（Expanded Response、拡張対応）」の記号を加えて「SLAM-ER」と呼ばれる。最大の変化は折り畳み式の主翼が追加されたことで、これにより射程は280kmと以前の3倍まで延伸した。また、終末誘導のIIRH用シーカーが新型となり、DSMACも搭載したことで、角ばった「顔」へと変化した。実戦デビューはイラ

※4：戦略兵器削減条約は、ソ米両国が戦略核弾頭の保有数に上限を設け、戦略核兵器の削減を推進した条約。第1次条約はソ連邦崩壊直前の1991年7月に調印された。

※5：AGM-86B後継は、ロッキード・マーティンのAGM-180と、レイセオンのAGM-181による競作となり、後者が選定された。

第7章 対地巡航ミサイル

ク戦争で、さらに電子装備を最新型としたK型も開発されている。

陸海空軍共通の対地ミサイル「Tri-Service Standoff Attack Missile（三軍共同スタンドオフ攻撃ミサイル、TSSAM）」として、1986年より「AGM-137」の開発がスタートしたが、複雑化と予算超過により頓挫した。その代替として空海軍のみで改めて開発されたのが第5章でも触れた「AGM-158 JASSM（Joint Air-to-Surface Standoff Missile、統合空対地スタンドオフミサイル）」だ [※6]。GPSによる補正を加えた慣性航法で飛行し、終末誘導にはIIRHを用いる、現代の標準的な空対地ミサイルの誘導方式を採用する。ターボジェット・エンジンのA型の射程は370km（以上）だが、ターボファン・エンジンに換装したB型では920km（以上）と大幅に延伸された。また、第4章で述べたようにAGM-158をもとに新世代対艦ミサイル「AGM-158C」が開発されている。現在は、より大型（2倍以上）で、射程を1,000nm（1,900km）まで延伸するAGM-158Dが開発中だ。

7.5 艦艇発射式巡航ミサイル

［ソ連邦／ロシアの艦艇発射式巡航ミサイル］
■ロシア時代に入り急速に汎用化が進む

艦艇発射式巡航ミサイルは、ソ米両国とも冷戦期に潜水艦発射式を基本としつつ、それが水上艦艇にも搭載される流れを辿っている。

ソ連邦では米空母を迎え撃つべく多数の大型・長射程対艦ミサイルが開発されたことは第4章で述べた。このうち、もっとも初期の潜水艦発射式対艦ミサイルP-6が、潜水艦発射式対地巡航ミサイル「П-5 [P-5]」（1959年制式採用）を改修したものであることも、同章で述べた通りだ。P-5は慣性航法により飛行するが、当時の技術の限界から平均誤差半径は3,000mもあった。

P-5は発射のために浮上する必要があったが、隠密性を考慮すれば水中発射式が望ましい。また、魚雷発射管から発射できれば汎用性はきわめて高くなる。米国は1972年に新型巡航ミサイル（のちのトマホーク）に、この方式の採用を決定するが、ソ連邦もまた1975年に同じ方式の巡航ミサイルの開発をノヴァトル設計局に命じた。この魚雷発射管発射式巡航ミサイルは複合体名称

※6：JASSMは、ロッキード・マーティンのAGM-158と、マクダネル・ダグラスのAGM-159の競作となり、前者が選定された。

「3K10［3K10］」（ミサイル本体は「3M10［3M10］」）と命名される。1984年に制式採用された。飛行速度は亜音速だが、地表近くを飛行することで発見されにくくなっている。射程は2,000km以上にも達した。

　この3K10の後継が「3K14［3K14］カリブル」（ミサイル本体は「3M14［3M14］」）だ。開発開始は3K10の制式採用の前年だが、ソ連邦崩壊を経て、計画そのものが大きく変更される。ようやく実用化されたのは2010年代に入ってからだ。3K14（3M14）は潜水艦の魚雷発射管だけでなく、汎用鉛直発射装置3S14（第4章）からも発射可能で、小型の水上艦艇にも搭載できる。実戦デビューはシリア内戦（2015年7月）で、カスピ海上から1,500km先のシリア国内に向けて発射された。しかも、1,000トン未満の小型ロケット艦から発射されたことで大きな注目を集めた。これ以前に同様の巡航ミサイルと言えば、米国のトマホークしかなく、こちらはいずれも10,000トン級の駆逐艦や巡洋艦、または原子力潜水艦から運用されていたからだ。また、シリア内戦では636型通常動力潜水艦からも発射されている。

　3M14は、衛星航法（GLONASS）が導入され、終末誘導にはARHを用いることで、平均誤差半径5mという高精度を実現している。また、対艦型の3M54（第4章）や対潜型の91R／91RTも開発されるなど汎用性が高く、ロシアの新世代艦艇には必ずといってよいほど搭載されている。

［米国の艦艇発射式巡航ミサイル］
■巡航ミサイルの代名詞「トマホーク」

　米国も初期の艦艇発射式巡航ミサイルは「無人航空機」然としたものだった。核弾頭を搭載する「RGM-6 レギュラス」（1955年就役）は、ソ連邦のP-5よりさらに「航空機」ぽく、発射筒ではなく、格納筒から引き出し甲板上で組み立ててから発射する、まるで日本海軍の伊四〇〇潜水空母のような方式だった。しかし、潜水艦発射式弾道弾が実用化される以前の1950年代には、海軍にとって貴重な核戦力として、潜水艦・水上艦艇ともに搭載された。その後、改良型の「RGM-15」は、潜水艦発射弾道弾の実用化と重なったことから開発中止となった。

　やや時間が開いて、次に米国が開発したのが「R／UGM-109 トマホーク」だ。

第7章　対地巡航ミサイル

　世の人が「巡航ミサイル」と聞いて、真っ先に思い浮かべる、巡航ミサイルの代名詞とも言うべき存在だ。1971年、新たな潜水艦発射式汎用巡航ミサイルの開発にあたり、弾道弾搭載潜水艦のような専用発射機とするか、魚雷発射管から運用するか、検討が行われ、翌1972年に魚雷発射管方式に決定した。この英断が、偉大な汎用兵器を生むこととなる。1974年から試作機の競作[※7]を経て採用されたミサイルは、潜水艦発射式だけでなく、水上艦艇発射式、空中発射式も開発される。それぞれ「UGM-109」(潜水艦発射)、「RGM-109」(水上艦発射)、「AGM-109」(空中発射)の型式番号が与えられた。なお、空中発射式は、前述した通りAGM-86Bに敗れ、開発中止となっている。

　水上艦発射式は、当初は専用の箱型発射機Mk143で運用されたが、のちに汎用鉛直発射機Mk41 (VLS) で運用されるようになった。Mk41で運用されるようになったことも、このミサイルを最高の汎用兵器たらしめた所以と言える。Mk41は、現在の米海軍艦艇のほぼすべての巡洋艦と駆逐艦に装備されている[※8]。Mk41と言えば防空システムであるイージス・システム搭載艦の象徴的兵装だが、実戦での発射回数で言えばRGM-109が圧倒的に多い。

ロサンゼルス級原子力潜水艦は改良型 (フライト2) からトマホーク用の鉛直式発射管を備えるようになった (写真／National Archives)

トマホーク水上艦艇発射式 (RGM-109) は、当初、Mk143装甲ボックスランチャーで運用された (写真／National Archives)

※7: 各社の提出した設計案のうち、ジェネラル・ダイナミクス案とヴォート案が選ばれ、ジェネラル・ダイナミクスの「YBGM-109」、ヴォートの「YBGM-110」の2種類が試作された。

※8: ズムウォルト級駆逐艦3隻のみ、Mk41を装備していない。

ヴァリエイションについても簡単に触れておく。A型が基本型の核弾頭搭載型、B型は通常弾頭の対艦型だ。A型は慣性航法とTERCOMにより飛行し、B型は慣性航法により飛行し終末誘導でARHを用いる。どちらも1983年に運用を開始し、「ブロックI」と呼ばれる。C型（1986年運用開始）は通常弾頭の対地型で、誘導方式にDSMACが追加された。基本型の「ブロックII」と、ソフトウェアを更新して終末段階で軌道を変更して目標に上から突入できるようになった「ブロックIIA」がある。D型（1988年運用開始）はC型の弾頭をクラスター弾頭としたもので「ブロックIIB」と呼ばれる。さらにC／D型にGPSを組み込みアップグレードしたものが「ブロックIII」と呼ばれる（1993年運用開始）[※9]。

　さらなる発展型として登場したのが「戦術トマホーク（Tactical Tomahawk）」ことE型で、軽量化と低価格化が追及された。これは戦略兵器（核兵器）ではなく、戦術兵器として大量消費する運用を目指したものだが、軽量化により構造が弱くなり、魚雷発射管からの発射は不可能となった（専用の鉛直式発射管を用いる。この頃には同発射管は汎用潜水艦に広く搭載されるようになっていた）。一方で、データリンク機能が強化され、ミサイルが撮影した映像を、衛星を通じて発射母艦へと送信できるようになり、飛行途中の目標変更も可能となった。あらかじめ登録した15個の目標への変更だけでなく、任意の位置に向かうこともできる（指揮側はGPS座標で目標を指示する）。また、E型をもとに貫通弾頭型H型も開発された。これらは「ブロックIV」と呼ばれる[※10]。ブロックIVは2004年より運用されている。なお、地上発射型のG型については後述する。

　さらに、2021年からは最新型「ブロックV」が登場した。通信と航法が一層改善され、近代戦に対応して電子妨害環境への耐性が向上した。GPS電波がまったく届かない状況でも任務続行が可能だ。このうち「Va」が対艦型、「Vb」は「統合多重効果弾頭（joint multi-effects warhead）」と呼ばれる新型弾頭を搭載する。

　TERCOMやDSMACといった航法技術、折り畳み式の主翼構造やターボファンエンジンなど、R／UGM-109で使われた技術は、いずれもその後の巡航ミサイルの標準となった。近代巡航ミサイルの「偉大なる先人」そのものと言えるだろう。

※9：このほか、1980年代に対艦型B型の改良型E型、クラスター弾頭搭載のF型が提案されたが計画は中止された。1990年代にも終末誘導にIIRHを備えた対地／対艦兼用型E型（前述のE型とは別計画）と、地中貫通弾頭搭載H型が提案されたが、こちらも計画中止となった（このE／F型は「ブロックIV」と呼ばれる）。最終的に「E型」の名は別のかたちで採用され、併せて「H型」も復活した。

※10：ブロックIVは、当初は計画中止した「ブロックIV」に続く「ブロックV」と呼ばれていたが変更された。

第7章　対地巡航ミサイル

　最後にR／UGM-109の改良に関して、ロスアラモス国立研究所が進める面白い研究を2つ紹介する。ひとつは、目標到達時に残っている燃料を気化弾頭（第5章）として使用するものだ。巡航ミサイルのような、水平飛行中にずっとエンジンを稼働させることが前提のミサイルでは、着弾時にも意外に多くの燃料が残っている。これは1982年のフォークランド紛争で、アルゼンチン空軍の攻撃機から発射されたフランス製AM.39空対艦ミサイルが英駆逐艦シェフィールドに直撃した際、弾頭が不発だったにも拘わらず、ロケットモーターの火が艦内の可燃物に引火して火災が発生し、同艦の沈没に繋がったことに着想を得ている。もうひとつが、燃料を従来のJP-10［※11］から、トウモロコシ由来のエタノールに換える研究だ。これは「エコロジーの観点から」というより、燃料の製造工程で危険な薬物の使用を避けられ、製造コストも下げられることが理由のようだ。

7.6　地上発射式巡航ミサイル

［ソ連邦／ロシアの地上発射式巡航ミサイル］
■中距離核戦力全廃条約を揺るがした長射程巡航ミサイル

　巡航ミサイルの元祖は、ナチスドイツの地上発射式「Fi103」（Vergeltungswaffe 1、いわゆるV1）であり、ソ米の弾道弾開発が同国のV2からスタートしたように、巡航ミサイルもV1に始まる。

　初期のソ連邦地上発射式巡航ミサイルは、艦艇発射式を地上発射式に改造したものだった。艦艇、地上ともに、高度も初速もほぼゼロで発射されるという点で、共通点が多い。したがって、前述した3K10、3K14とも地上発射式のヴァリエイションが存在する。前者が1983年に登場した「3К12［3K12］」（または「РК-55［RK-55］」、ミサイルは「3М12［3M12］」）で、後者がロシア軍現用の主力戦術ミサイルシステム「9К720［9K720］」、愛称「Искандер-М（イスカンデルM）」と、そのミサイル「9М728／729［9M728／729］」だ［※12］。

　9K720は短距離弾道弾と巡航ミサイルの両方を運用可能な車輛移動型ミサイルシステムで、後部のコンテナにミサイルを収納する。2つの巡航ミサイルのうち、9M729に関して、米国は「射程が500kmを超え、中距離核戦力全廃

※11：航空用のジェット燃料のひとつ。エキソテトラヒドロジシクロペンタジエン（exo-Tetrahydrodicyclopentadiene、$C_{10}H_{16}$）。
※12：3K14の地上発射型には、輸出用の「3М14КЭ［3M14KE］」もある。

7.6 地上発射式巡航ミサイル

ロシアの戦術ミサイルシステム9K720は、弾道弾と巡航ミサイルの両方を運用できる。写真は巡航ミサイル搭載時のもので、円筒型発射管が用いられる（写真／Ministry of Defence of the Russian Federation）

条約に違反する」[※13]と主張し、結果として2019年の条約破棄にいたる。もとが射程2,600kmの3M14であるため500kmを超えることは容易であり、米国の主張の背景には何らかの証拠があると思われる。

［米国の地上発射式巡航ミサイル］
■米国ミサイルの「始まり」だが、現在はすべて退役

米国の巡航ミサイルは地上発射式からスタートした。その型式番号は、すべての統一ミサイル番号のなかで記念すべき「1」を冠した、「MGM-1 マタドール」だ。やはり、「無人航空機」という出で立ちをしており、当初は爆撃機の型式番号「B-61」が与えられ、のちに戦術ミサイル（Tactical Missile）に分類されて「TM-61」となる。前述した統一ミサイル番号が導入された1963年には、すでに退役している（1962年退役）。誘導方式は無線指令誘導だ。

TM-61にはA／B／C型があり、このうちC型がMGM-1に指定される一方で、B型は機体が延長され、主翼も再設計されたうえ、誘導方式を根本的に改めた「TM-76」へと発展し、やがて「MGM-13」の型式番号が与えられた。同ミサイルの誘導方式は「**ATRAN（Automatic Terrain Recognition And Navigation）**」と呼ばれるもので、下向きのレーダーで地形を調べ、事前にプログラ

※13：中距離核戦力全廃条約はソ米が1987年に調印した条約で、射程500〜5,500kmの地上発射式弾道弾・巡航ミサイルの廃棄を取り決めた。

第7章 対地巡航ミサイル

ムされたものと比較する、というTERCOMの原型となるものだった。なお、TM-76A / MGM-13AがATRANを備える一方で、そのB型は慣性航法を採用している。これはB型が、航続距離延伸のため、地表から遠く離れた高空を飛行するためだ。

さらに長大な射程を有する「大陸間巡航ミサイル」として、射程10,000kmを超える「SM-62 スナーク」[※14]が開発された。米本土からソ連邦を攻撃できるものだったが、大陸間弾道弾の配備が本格化すると価値を失った。SM-62の運用開始が1959年だが、米国初の大陸間弾道弾SM-65(のちのCGM/HGM-16)も同年に運用が始まり、SM-62は1961年には退役している。また、前述のMGM-1は1960年代に、MGM-13は1970年代に、ともに中距離弾道弾に置き換わるかたちで退役している。

冷戦最盛期の1980年代になると、ソ連邦の中距離弾道弾RSD-10の登場に対抗して、米国は中距離弾道弾MGM-31Bと併せて、前述したトマホークの地上発射型である「BGM-109G」を導入する。1983年より運用を開始したBGM-109Gだったが、ソ米両国が中距離核戦力全廃条約を締結したことを受けて、条約発効の1988年より退役を開始し、1991年には完全退役となってしまった。

トマホークの地上発射型であるBGM-109G。中距離核戦力全廃条約により91年には全廃された(写真/National Archives)

今世紀に入り、その中距離核戦力全廃条約が失効(2019年)し、露米関係も悪化したことで、米国は再び地上発射式巡航ミサイルの開発をスタートさせている。公開された試験映像を見る限り、BGM-109系だと思われるが、将来的にはより新型のミサイルが開発されるかもしれない。

※14:SMとはStrategic Missile(戦略ミサイル)の意味。

第8章
対戦車ミサイル

■プラットフォームと目標
プラットフォーム：航空機（固定翼／回転翼）、車輌、歩兵携行式
目標：戦車および車輌全般（歩兵陣地などに対して使う場合もある）

■誘導方式
●指令誘導（有線式）
●レーザー誘導
レーザー・ビーム・ライディング（LBR）
●予測照準線一致誘導（PLOS）

第8章　対戦車ミサイル

「最強の地上兵器」を狩るためのミサイル

2022年のロシア軍による侵攻以来続くウクライナ戦争は、過去20年に主流となっていた非対称戦（いわゆる対テロ戦争）とは違い、近代的な重装備を揃えた軍隊同士の戦闘となった。侵攻当初、首都キーウの早期陥落を目指すロシアは、機甲部隊をウクライナ領内に突進させ、西側諸国では陥落は不可避との観測もなされたが、ウクライナは首都を守り抜き、この方面のロシア軍を撤退させることに成功する。戦争の「第1回戦」に勝利したのだ。この勝利の原動力のひとつとなったのが、ロシアの圧倒的な機甲戦力を迎え撃った「FGM-148 ジャヴェリン」を含む数多くの対戦車火器である。戦車は堅固な装甲と強力な砲を備え、高い機動力まで併せ持つ「最強の地上兵器」だが、それゆえに対抗するための手段も発展した。本章では、これら対戦車ミサイルについて解説する。

　正直なところ、セラミックを主体とした複合装甲が登場して以来、戦車の正面装甲を対戦車ミサイル（成形炸薬弾頭）によって破ることは困難となった。しかし、戦車は正面装甲が極端に強固でも、それ以外の側面や背面、上面の装甲は比較的薄い。つまり、そちらに回り込んで攻撃できれば、今でもなお対戦車ミサイルで戦車を撃破することは可能なのだ。これを実現するのが、身軽で待ち伏せができる歩兵や、上空から狙える航空機であり、これらのプラットフォームから使用される対戦車ミサイルは、戦車にとって恐るべき兵器となる。

ロシア軍最新の携行式対戦車ミサイルシステム 9K135 カルニェト。レーザー・ビーム・ライディング方式を採用する（写真／Ministry of Defence of the Russian Federation）

「最強の地上兵器」を狩るためのミサイル

さまざまなプラットフォーム

対戦車ミサイルは、航空機から携行式まで、さまざまなプラットフォームから発射される。ミサイルによっては複数のプラットフォームから運用可能なものもある。

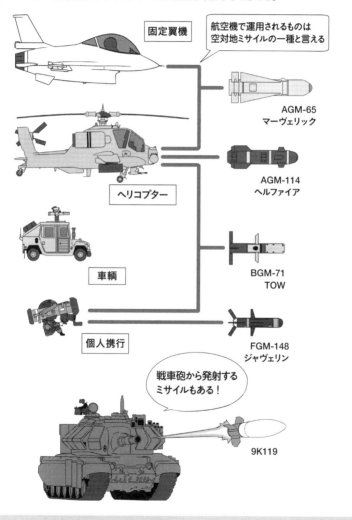

固定翼機

航空機で運用されるものは空対地ミサイルの一種と言える

AGM-65 マーヴェリック

ヘリコプター

AGM-114 ヘルファイア

車輛

BGM-71 TOW

個人携行

FGM-148 ジャヴェリン

戦車砲から発射するミサイルもある！

9K119

対戦車ミサイルの誘導方式

8.1 有線指令誘導

■ミサイルの小型・軽量化が可能な誘導方式

　対戦車ミサイルの誘導方式は多岐にわたり、本書でこれまで紹介してきた方式の総決算的なものになる。ここでは対戦車ミサイルだけで使われる「有線指令誘導」について最初に解説し、次節でこれまで紹介した誘導方式のうち対戦車ミサイルにも使われるものを採り上げる。では、有線指令誘導について見ていこう。

　第3章で解説した通り、指令誘導の長所のなかで重要な点は、「ミサイル本体の構造（と電子装備）を簡単にできる」ことだ。この長所は対戦車ミサイルにとっても、きわめて有益となる。なぜなら、小型・軽量化が可能なため、歩兵でも携行できるようになるからだ。また、安価に製造できるため、大量調達・配備も可能だ。

　第3章では無線で指令を伝える方式について述べたが、ここで紹介するのは有線式である。つまり、ミサイルと発射母機が信号線で繋がっている。有線式は無線受信機も必要なくなるため、さらに電子装備を簡略化できる。現代でこそ、スマートフォンのような小型で高性能の電子機器が民生品でも手に入るため、あまりメリットを感じられないかもしれないが、20世紀には大きな違いがあった。また、電波を飛ばさず、信号線で繋がったミサイルと発射母機のあいだの閉じた領域だけで通信するということは、物理的に信号線を切断する以外の方法で妨害されることがないという利点もある（逆に言えば、信号線が切れたら終わり、ということでもある）。

■金属線から光ファイバーケーブルへ

　ミサイルのように高速で空中を遠方まで駆け抜ける物体が「線」で繋がっているということに驚く人がいるかもしれない。著者も子供のころ、初めて有線方式を知ったときは衝撃を受けた。しかし、対戦車ミサイルの速度や射程を改めて見直してみると、それほど無理な話ではないことにも気づく。

有線指令誘導

地上運用(歩兵携行式、車載式)や攻撃ヘリコプター搭載の対戦車ミサイルは、
小型・軽量化の可能な指令誘導式&有線式のものが数多く開発されている。

手動指令照準線一致誘導

9K11は、初期の手動指令照準線一致誘導(MCLOS)ミサイル。操作員は照準器で
目標を捉えつつ、ジョイスティックを操作してミサイルを目標に誘導する。

半自動指令照準線一致誘導

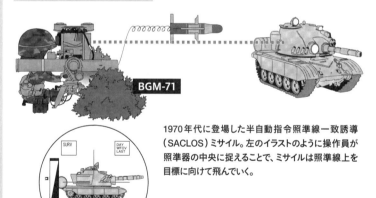

1970年代に登場した半自動指令照準線一致誘導
(SACLOS)ミサイル。左のイラストのように操作員が
照準器の中央に捉えることで、ミサイルは照準線上を
目標に向けて飛んでいく。

第8章　対戦車ミサイル

　地対空ミサイルのように、高速で三次元的に機動する目標を迎撃するため、音速の何倍もの速度を発揮し、射程が何十〜何百km、射高も数kmの性能となると、信号線でつなぐのは現実的ではないが、速いといっても音速以下で、射程もせいぜい数km、地表の目標を狙う対戦車ミサイルでは状況がまったく違うのだ。

　もちろん、数kmもの距離でミサイルが信号線を引っ張って飛行するには、その長さの信号線を発射母機かミサイル本体に収納しておかねばならない。そのため、信号線にはとても細いものが使用される。写真は、米国の「BMG-71 TOW」対戦車ミサイルの信号線だが、これだけ細い信号線となると、映像など大容量のデータは送れない。そのため、有線指令誘導ではミサイル側から情報を得ることはせず、別の手段（発射母機の照準装置など）で目標とミサイルの位置を把握し、信号線はミサイルに対して「左だ、右だ」という指令を送るだけとするのが一般的だ。ただ、近年では信号線を金属線から光ファイバーケーブルに換えることで、大容量の通信が可能となり、ミサイル側から映像を受信して誘導に利用する対戦車ミサイルも開発されている。

FGM-71 TOWで使用される通信線（ワイヤー）。まるで髪の毛のように細い金属線だ（写真／多田将）

■**誘導の方法は無線式と同じ**

　有線であっても、指令誘導の方式そのものは第3章で説明したものと同じだ。主にミサイルが照準線に乗り続けるよう、操作員が手動で操作する「**手動指令照準線一致（MCLOS）誘導**」や、操作員が目標に照準を合わせるだけで発射母機の計算機（コンピューター）が照準線に乗り続けるように指令を出す「**半自動指令照準線一致（SACLOS）誘導**」だ（詳しくは第3章）。

　MCLOSは単純だが、操作員の負担が大きく、操作員の技量がそのまま命中精度に直結する。この方式は初期の対戦車ミサイルで採用されており、第4次中東戦争でイスラエル戦車を多数撃破したソ連邦製の「9K11 マリュートゥカ」や、我が国の「64式対戦車誘導弾」などがある。

　SACLOSはソ連邦で好まれた方式で、同国で開発された対戦車ミサイルで積極的に採用された（なお、ソ連邦は有線式だけでなく無線式SACLOSも対戦車ミサイルの誘導に多用している）。これらは今でも多くが現役で、輸出も盛んに行われたことから、世界的な主流ともなっている。一方で、西側の対戦車ミサイルでこの方式を採用しているものには、米国の「BGM-71 TOW」や「FGM-77 ドラゴン」、我が国の「79式対舟艇対戦車誘導弾」などがある。

8.2　その他の誘導方式

■**レーザーによる誘導**

　続いて、有線指令誘導以外で対戦車ミサイルに使われている誘導方式について解説していこう。

　対戦車ミサイルのなかでも、航空機から発射するものだと空対地ミサイル（第5章）の一種だと言える。実際、戦車とそれ以外の目標、その両方を攻撃する兼用ミサイルも多い。そのようなミサイルには、標準的に空対地ミサイルに使われる誘導方式が、そのまま使われている。第5章で見たように、その主流はレーザー誘導（SALH）だ。この方式を採用している対戦車ミサイルでは、米国の航空機搭載ミサイル「AGM-114 ヘルファイア」や、我が国の携行式ミサイル「87式対戦車誘導弾」などがある。

　同じレーザーによる誘導でも、SALHのように反射波を「頭」で捉えて目標に

第8章 対戦車ミサイル

レーザーを用いた誘導

セミアクティヴ・レーザー・ホーミング（SALH）

AH-64は機首ターレットにレーザー指示器を備える

AGM-114

第5章でも解説した誘導方式。空対地ミサイルで一般的なレーザーを用いた誘導は、対戦車ミサイルにも使用されている。AGM-114 ヘルファイアやAGM-176 グリフィンなど航空機から使用するミサイルのほか、日本の歩兵携行式87式対戦車誘導弾で用いられている。

レーザー・ビーム・ライディング

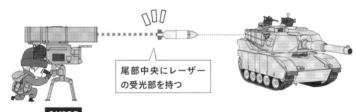

尾部中央にレーザーの受光部を持つ

9K135

レーザーを、頭ではなく「尻」で捉える。第3章で紹介したビーム・ライディングのレーザー版。レーザーの出力が小さく、敵に発見されにくい利点がある。ソ連邦およびロシアで、砲発射ミサイルや空対地ミサイル、また歩兵携行／車載式など、現用の対戦車ミサイルに広く使われている。

向かう方式以外に、指揮処(発射母機など)から照準されたレーザーそのものを「尻」で捉えて、その照準線から外れないように飛行することで目標に向かう方式もある。これを「**レーザー・ビーム・ライディング (Laser Beam Riding)**」と呼ぶ。これは第3章で紹介した電波(レーダー)を用いたビーム・ライディング方式のレーザー版だ。この方式だと、反射光を捉える方式に比べてレーザーの出力を小さくできるため、照準を合わせていることを目標側に気づかれにくいという利点がある(近年では、戦車側にレーザー検知器などを装備するのが一般的となっている)。この方式は、ロシア軍の新世代対戦車ミサイルに多く使われており、戦車砲から発射できる「9K119 リフレクス」や、車載/携行式の「9K135 カルニェト(コルネット)」などに採用されている。

■「撃ったら忘れろ」タイプの誘導

SALHにしても、レーザー・ビーム・ライディングにしても、操作員や発射母機側で照準を合わせ続ける必要があるが、やはり発射後は速やかに離脱できたほうが生存性は大きく向上する。こうした理由から空対地ミサイルに「撃ったら忘れろ(fire and forget)」可能な誘導方式が求められたことは、第5章(5.2節)で解説した。

そうした要求に応えて、米国で開発されたのが空対地ミサイル「AGM-65 マーヴェリック」(対戦車型はAGM-65A/B/H)であり、「**光学コントラスト式**」を採用している。さらに光学コントラスト式の欠点(背景が変わると目標を認識できない)を補うため、「**赤外線画像誘導 (IIRH)**」(第5章では「赤外線画像コントラスト式」と紹介)が開発されたことも、同様に第5章で述べているが、このIIRHも対戦車ミサイルに採用されている。前述したAGM-65のD型や、歩兵携行式では本章冒頭で紹介したFGM-148 ジャヴェリンや、我が国の「01式軽対戦車誘導弾」がある。

「撃ったら忘れろ」式ミサイルで面白いのが、米国の「FGM-172 SRAW」だ。これは携行式の対戦車ミサイルだが、慣性航法によって自律的に飛行するため「忘れる」ことができる。しかし、慣性航法は最終目的地(座標)がわかっている場合に用いる方式であり、固定された地上目標ならともかく、戦車のように移動している目標に対して、どのように追随するのか。答えは「予測」だ。射

第8章 対戦車ミサイル

「撃ったら忘れろ」式の誘導

赤外線画像誘導（IIRH）

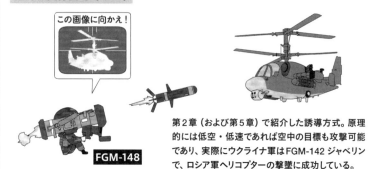

第2章（および第5章）で紹介した誘導方式。原理的には低空・低速であれば空中の目標も攻撃可能であり、実際にウクライナ軍はFGM-142ジャベリンで、ロシア軍ヘリコプターの撃墜に成功している。

予測照準線一致（PLOS）

現在の目標の速度・針路と、ミサイルの速度に基づいて、未来の衝突位置を「予測」し、そこに向けて慣性航法により向かっていく。米国のFGM-172 SRAWや、英国のNLAWが採用。

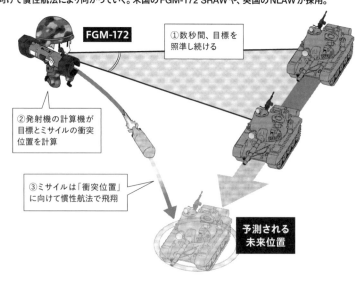

手は発射前に数秒間（FGM-172の場合、2〜12秒間）、目標を照準し続ける。すると、発射機に搭載された計算機がミサイルの飛行性能を踏まえた未来の衝突位置（座標）を予測・計算し、ミサイルはこの座標に向けて飛んでいく。この誘導方式は「**予測照準線一致（Predicted Line of Sigh、PLOS）**」式と呼ばれる。

対戦車ミサイルの技術

8.3 弾頭

■堅固な装甲を貫く技術

対戦車ミサイルの役割は、何といっても戦車の厚い装甲を破ることだが、戦車は他の兵器とは比較にならないほどの重装甲を持っている。それを破るため、対戦車ミサイルの弾頭は、他のミサイルの弾頭とは異なる、特殊なものとなっている。

[1] 成形炸薬弾頭
■爆発のエネルギーで生まれる「針」

対戦車ミサイルの弾頭は、その大部分が「成形炸薬（shaped charge）弾頭」だ。これは、その名の通り炸薬をある"かたち"に成形することで、装甲を貫く。

成形していない炸薬の塊を起爆させると、爆発のエネルギーはあらゆる方向に向けて拡散する。しかし、炸薬の塊のどこかに円錐状の窪みを成形しておくと、その部分だけ爆発によって生じる爆風が円錐の軸方向に絞られた状態となる。これを「モンロー効果（Munroe effect）」と呼ぶ。そして、その窪みに薄い金属（これを「ライナー」と呼ぶ）を貼っておくと、その金属が爆発の衝撃波による圧力で、ユゴニオ弾性限界[※1]を超えて液体のように振る舞い、軸方向に細く鋭い「ジェット」となる。つまり、針のような砲弾が、瞬間的につくり出されるのだ。これを「ノイマン効果（Neumann effect）」と呼ぶ。モンロー効果は、米国の科学者チャールズ＝エドゥワード＝モンローが1888年に、ノイマン効果はドイツの科学者であるエゴン＝ノイマンが1910年に、それぞれ発

※1:固体の状態にある物質に、きわめて高い圧力を加えることで、原子同士（または分子同士）の結合が切れ、物質がまるで液体のように振る舞うようになる。圧力に耐えられる限界は物質によって異なるが、この限界の値を「ユゴニオ弾性限界」と言う。

第8章 対戦車ミサイル

対戦車ミサイルの弾頭①

成形炸薬弾頭

対戦車ミサイルの大部分が、「成形炸薬弾頭」を搭載している。モンロー・ノイマン効果という物理現象を利用して、瞬間的に針のような砲弾をつくり出し、装甲を貫通する。

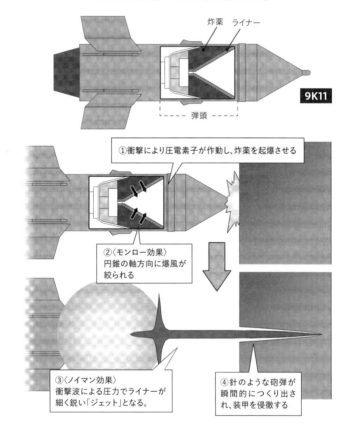

① 衝撃により圧電素子が作動し、炸薬を起爆させる

② 〈モンロー効果〉円錐の軸方向に爆風が絞られる

③ 〈ノイマン効果〉衝撃波による圧力でライナーが細く鋭い「ジェット」となる。

④ 針のような砲弾が瞬間的につくり出され、装甲を侵徹する

超音速で飛翔する砲弾そのものの運動エネルギーで装甲を貫く戦車砲の徹甲弾（APFSDS弾）と異なり、爆発で生じる「針」の運動エネルギーを利用する成形炸薬弾頭は、飛翔体（ミサイル）の速度が問題とならないため、プラットフォームの自由度が高い。

成形炸薬弾の「スタンドオフ」

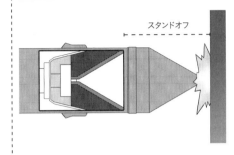

一瞬だけジェットをつくり出す成形炸薬弾は、強力な装甲貫徹力を持っているが、効果を発揮するための適切な起爆の間隔は限られている。この間隔を「スタンドオフ」と呼ぶ。

見した。この2つの効果を利用した対戦車弾頭が、「高爆発性対戦車（High-Explosive Anti-Tank、HEAT）弾」だ。

この弾頭は、一般に「化学エネルギー（Chemical Energy、CE）弾」と呼ばれるため、化学反応で装甲を侵徹するかのように誤解している人もいるが、実際にはジェットの運動エネルギーにより侵徹するものだ。

■歩兵携行火器でも運用可能

成形炸薬弾頭が、対戦車ミサイルや歩兵携行式の無誘導対戦車ロケットに広く利用されている理由は、爆発によりその場で生まれる「針」で装甲を侵徹するため、「搭載する飛翔体の速度が問題とならない」からだ。つまり、歩兵が運用できる程度の武器からでも発射が可能なのだ。これにより、対戦車ミサイルは戦車にとって恐るべき兵器となった。視界の限られる戦車にとって、歩兵のような小型の目標は察知しにくく、脆弱な側面や背面への対戦車ミサイルによる待ち伏せ攻撃は、戦車にとって致命的なダメージを与えかねないからだ [※2]。

なお、ジェットの「針」は一瞬だけ形成されるものであるため、効果を発揮する距離（弾頭と装甲のあいだの距離）が決まっており、それを外れると急激に効果が薄れてしまう。この距離を「スタンドオフ（stand-off）」と呼び、戦車にとってスタンドオフを外すことも有効な成形炸薬弾頭対策となっている。

※2：たとえば戦車砲の徹甲弾（APFSDS弾）のように、マッハ5を超える高速による運動エネルギーで装甲を侵徹する砲弾の場合、その発射の反動に耐えられる強固なプラットフォーム（つまり戦車）が必要となる。

第8章　対戦車ミサイル

[2] タンデム弾頭

　成形炸薬弾頭に対抗する手段には、複合装甲のほか、前述したスタンドオフを外す方法、そして爆発反応装甲（Explosive Reactive Armor、ERA）がある。戦車の外側にずらりと並んだ弁当箱のような四角い物体を見たことがあるだろうか。あの弁当箱がERAだ。その「弁当」の中身は爆薬と鋼板の「サンドウィッチ」であり、着弾の衝撃で爆薬が起爆することで鋼板が吹き飛ばされ、成形炸薬弾頭のつくったジェットに激突する。この「サンドウィッチ」をジェットの進行方向に対して傾けて設置することで、鋼板はジェットに斜め横から激突し、これを"切る"。ジェットは針のように細いので、正面の貫徹力は大きくとも、横からの力に弱く、その効果を急速に失ってしまう。

爆発反応装甲

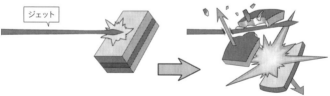

戦車の砲塔や車体に並んでいる大小の「箱」は、「爆発反応装甲」（ERA）と呼ばれる追加装甲。爆薬を鋼板が挟み込んだものが納められており、着弾の衝撃で爆発し、成形炸薬弾のジェットを斜め横から「切断」して、その効力を減殺する。

対戦車ミサイルの弾頭②

タンデム弾頭　タンデム弾頭とは、爆発反応装甲（ERA）を無効化するため、成形炸薬弾頭を前後に2個連ねた（タンデム化した）弾頭のこと。

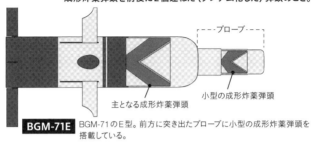

BGM-71E　BGM-71のE型。前方に突き出たプローブに小型の成形炸薬弾頭を搭載している。

①ERAを備えた敵戦車に向けて飛んでいくBGM-71E

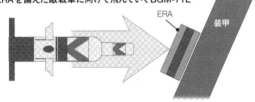

②プローブがERAに接触し、小型の成形炸薬弾頭が作動。ERAを起爆させる。

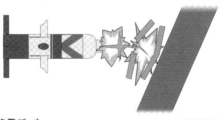

③ERAが吹き飛び、丸裸になった戦車の装甲に、BGM-71Eの本体が衝突。本体の成形炸薬弾頭が炸裂し、生じたジェットによって装甲を侵徹する。

第8章 対戦車ミサイル

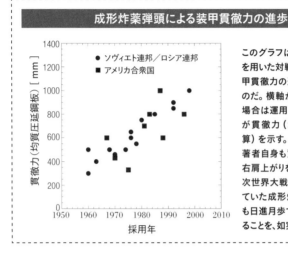

成形炸薬弾頭による装甲貫徹力の進歩

このグラフは、成形炸薬弾頭を用いた対戦車ミサイルの、装甲貫徹力の進化を表わしたものだ。横軸が採用年（米国の場合は運用開始年）で、縦軸が貫徹力（均質圧延鋼板換算）を示す。グラフを作成した著者自身も驚いたが、綺麗な右肩上がりを描いている。第2次世界大戦ではすでに登場していた成形炸薬弾が、その後も日進月歩で発展を続けていることを、如実に物語っている。

当然ながら、対戦車ミサイルの側でもERAへの対策が考え出された。それが「タンデム弾頭」だ。タンデム（tandem）とは、もともと直列二頭立ての馬車を示す言葉だが、タンデム弾頭の場合、大小の弾頭が直列に配置されている。先頭の「馬」はERAを起爆させるための小型弾頭で、これによりERAを消費させておいてから、主たる成形炸薬弾頭である後ろの「馬」が装甲を貫通する、というものだ。

タンデム弾頭は、ロシアの現用対戦車ミサイルで標準装備となっており、また米国の「FGM-148 ジャヴェリン」や「BGM-71 TOW」E型（通称「TOW 2A」）、我が国の「01式軽対戦車誘導弾」に採用されている。

[3] 自己鍛造弾

炸薬の爆発の衝撃波によってライナーがユゴニオ弾性限界を超えて変形する、という原理は同じでも、前述した成形炸薬弾とはまったく異なる「砲弾」を生み出す弾頭がある。それが「自己鍛造弾」だ。鍛造とは、金属を叩いて圧力を加えることで鍛える加工法のことで、日本刀の製造工程がイメージしやすいか

第8章　対戦車ミサイル

もしれない。自己鍛造弾とは、この「圧力を加えて鍛える」工程を、炸薬の爆発の衝撃波によって行う。

円盤状の炸薬を、厚く強固な缶詰のような容器に収納する。このとき缶詰の片側を湾曲した薄い金属（ライナー）にすると、やはり爆発の衝撃波でライナーがユゴニオ弾性限界を超えて変形するが、このとき成形炸薬弾と異なり、丸っこい砲弾のような塊となる。貫徹力という点では成形炸薬弾よりはるかに劣るが、きわめて重要な利点がある。それは、できあがった塊がそのまま普通の砲弾のように飛んでいくことだ。つまり、一瞬だけ「針」が形成される成形炸薬弾のような特定のスタンドオフが無く、そのため起爆距離を気にする必要もない。

また、成形炸薬弾は炸薬の全爆発エネルギーのうち「針」に伝わるのが1/5程度であるのに対して、自己鍛造弾はエネルギーの半分程度を、この「砲弾」に与えることができる。効率だけ見ると、こちらのほうが優れているとも言える。

前述した通り、貫徹力は小さく、装甲の厚い部分を破ることはできないが、装甲の薄い上面を攻撃するなら、戦車に有効な打撃を与えることができる。「BGM-71 TOW」のF型（通称「TOW 2B」）は、戦車の上方を通過するような軌道で飛行し、真上に来たところで下向きに搭載された自己鍛造弾頭を起爆させ、薄い上面装甲を攻撃する（これを「Overflight Top Attack、OTA」と呼ぶ）。

PLOS方式を採用した英国のNLAW。ロシアの侵攻を受けたウクライナに大量供与され、FGM-148 ジャヴェリンとともに活躍した（写真／U.S. DoD）

対戦車ミサイルの発展史

8.4　対戦車ミサイル

■航空機搭載型対戦車ミサイルと空対地ミサイル

　対戦車ミサイルのうち航空機から発射するものは、第5章の空対地ミサイルとの境界が曖昧なものも少なくない。特に近年では、ヘリコプターでも運用できる小型の空対地ミサイルを対戦車（対車輌）と対固定目標の兼用で使うことがあるためだ。前述した成形炸薬弾頭は、モンロー・ノイマン効果により装甲を貫通するものだが、ジェットを形成する鋭い爆風は、円錐状の窪みをつくった面だけに生じ、それ以外の面では爆風（破片）が拡散し、通常の爆薬として作用する。そのため車輌以外にも効果を発揮できる。実際、西側や我が国の戦車砲弾では、HEATを通常の榴弾としても使用する（一方でロシア戦車には純粋な榴弾も搭載されている）。

　以下にソ連邦／ロシアと米国の対戦車ミサイルについてまとめていく。なお、文中の「貫徹力／防御力」はRHA（均質圧延装甲）換算の値である。

[ソ連邦／ロシアの対戦車ミサイル]
■地上部隊用——近年のものは特に高威力

　巻末一覧表を見れば一目瞭然だが、ソ連邦／ロシアの対戦車ミサイルは種類が多い。戦車王国だけに、それに対抗する手段も豊富に備えているということなのだろう。まず、歩兵携行式／車載式から解説していこう。

　ソ連邦初の対戦車ミサイルが「2К15／2К16［2K15／2K16］」だ。愛称は「Шмель（シュメリ、円花蜂）」。車載式であり、GAZ-69汎用四輪車ベース発射機のものが2К15、BRDM-1戦闘装甲哨戒車輌ベース発射機のものが2К16となる。前者は1960年、後者は1964年に就役している。ミサイルは両者とも「3М6［3M6］」を運用する。また、1960年には「2К8［2K8］」も就役している。愛称は「Фаланга（ファランガ、ファランクス）」で、こちらもBRDM-1に車載された。

　第4次中東戦争で、イスラエル戦車部隊がエジプト軍の対戦車攻撃により大

第8章　対戦車ミサイル

きな被害を受けたことは繰り替え述べてきたが、ここで使用されたのが「9K11 [9K11]」だ。愛称は「Малютка（マリュートゥカ、赤ちゃん）」で、ミサイル本体は「9M14 [9M14]」である。「赤ちゃん」という奇妙な名前は、このシステムがこれまでより小柄だからで、歩兵が携行して扱えるようになった。システム一式を収納したアタッシェ・ケース型の箱で運び、中身を取り出したのちは箱がそのままミサイルの発射台にも使える。車載も可能で、BRDM-1 / -2搭載型のものが開発されている。また、BMP歩兵戦闘車輌にも搭載される。

ここまでは、ミサイルが剥き出しで発射レールに乗せて運用するものだったが、1970年に就役した「9K111 [9K111]」からは円筒形の発射筒に搭載されるようになった。そうした形状から、愛称は「Фагот（ファゴット、木管楽器のファゴット）」と名づけられた。ミサイルは「9M111 [9M111]」で、これ以前の誘導方式は手動式（MCLOS）だったが、9K111は半自動式（SACLOS）となった。操作員は照準器越しに目標へ照準を合わせ続けるだけで、ミサイルの動きの制御は計算機が行う。SACLOSは、以降のソ連邦対戦車ミサイルの標準的誘導方式となる。著者が地味に「進化」を感じるのは、「最小射程」だ。巻末一覧表を見るとわかるように、9K111から一気に短くなっている。ミサイルは、空力舵で方向を変えている都合上、ある程度の速度に達しないと舵が効かないのだが、この点で大きな改善があったようだ。これは最大射程を延ばすことと同じくらい重要な点だ。

9K111の改良型「9K111-1 [9K111-1]」は、愛称が「Конкурс（コンクルス、コンクール）」となり、搭載ミサイル「9M113 [9M113]」は一回り大きくなったが、発射機によっては9M111も使用できる。歩兵携行式の発射機のほか、BRDM-2車載型がある。

1978年就役の「9K115 [9K115]」も歩兵携行式で、これまでと比較しても小柄なシステムとなっている。愛称は「Метис（ミティス、混血）」で、ミサイルは「9M115 [9M115]」を使用する。歩兵携行式と、車載用がある。改良型の「9K115-1 [9K115-1]」はロシア時代に入ってすぐの1992年に採用され、ミサイルは「9M131 [9M131]」を使用する。改良型といっても、発射重量が3倍近くになり、別物と言ってよいほどだ。さらなる改良型の「9K115-2

[9K115-2]」(ミサイルは「9M131M [3M131M]」)は輸出用として2004年から販売されているが、2016年にはロシア本国でも採用した。

　ロシア時代に入り開発がスタートした対戦車ミサイルに「9K123 [9K123]」がある。愛称は「Хризантема（フリザンテーマ、菊）」。直径152㎜、発射重量46kgの大型対戦車ミサイル「9M123 [9M123]」を用い、その貫徹力は1,250㎜に達する（しかもタンデム弾頭）。「複合装甲の現代戦車の主装甲を成形炸薬弾で破るのは困難」という常識を覆すような貫徹力だ。ちなみにM1A2戦車の砲塔正面防御力は、成形炸薬弾に対して1,300㎜とされる。9K123で注目したいのは、誘導方式が無線の自動式（ACLOS）となり、さらにレーザー・ビーム・ライディングを併用することだ。状況によって適した方式を選択できる。

　9K123は、専用の駆逐戦闘車輛（対戦車車輛）「9П157 [9P157]」のために開発されたもので、BMP-3歩兵戦闘車輛をベースに昇降式の2連装発射機を搭載している。また9M123ミサイルには、サーモバリック弾頭を備えた「9M123Ф [9M123F]」というヴァリエイションもあり、こちらは軟標的用だ。9K123は2005年から運用されている。

　そして、本稿執筆時点で型番的にロシア最新の対戦車ミサイルシステムが「9K135 [9K135]」だ。愛称は「Корнет（カルニェト、金管楽器のコルネット）」。搭載ミサイル「9M133 [9M133]」は、後述する砲発射式対戦車ミサイル9M119をもとに開発されている。誘導方式はレーザー・ビーム・ライディングで、タンデム弾頭を備え、貫徹力はこちらも1,300㎜に達する。歩兵携行式と、車載用の発射機がある。1998年に採用された。

■航空機搭載型――車載型にも転用

　続いて航空機搭載型を紹介する。1976年にMi-24攻撃ヘリコプターの兵装に採用されて以降、Mi-28 / -35 / -8にも搭載され、ヘリコプター発射式対戦車ミサイルの主役となっているのが「9K113 [9K113]」だ。愛称は「Штурм-В（シュトゥルムV、強襲）」。9K113は、「9M114 [9M114]」と、タンデム弾頭の「9M120 [9M120]」の2種類のミサイルを運用できる。愛称は、前者が「Кокон（コーカン、繭）」、後者が「Атака（アタカ、攻撃）」だ。いずれも誘

第8章 対戦車ミサイル

　導方式は無線式のSACLOSだが、改良型の「9К113У [9K113U] シュトゥルムVU」では、レーザー・ビーム・ライディングが追加された。こちらはKa-52攻撃ヘリコプターで運用され、ミサイルは「9М120-1 [9M120-1]」を使用する。

　9K113には車載型もあり、「9К114 [9K114] シュトゥルムS」と呼ばれ、汎用装軌車MT-LBベースの車輛に搭載される。ミサイルは9K113と同じものを使用する。また、誘導方式は同じ無線式SACLOSだが、照準器を熱線（赤外線）式としたものが「9К132 [9K132] シュトゥルムSM」で、こちらはBMPT戦車支援車輛に搭載される。

　9K113の後継となるヘリコプター搭載対戦車ミサイルシステムが、「9К121 [9K121]」だ。愛称は「Вихрь（ヴィフル、旋風）」で、ミサイルは「9М127 [9M127]」を使用する。1985年に採用されたが、生産開始は2013年、運用開始は2015年と30年もの開きがある。誘導方式はレーザー・ビーム・ライディングで、Ka-50/-52やMi-28といった攻撃ヘリコプターのほか、Su-25/-39攻撃機でも搭載でき、車輛以外に小型艇に対しても使用される。

■戦車砲発射型──独特の装填機構に苦心

　最後に、戦車砲から運用する対戦車ミサイルを見ていこう。ソ連邦は1960年代にT-62戦車から戦車砲を撤去して対戦車ミサイルを搭載した「ミサイル戦車」を開発している。それが「ИТ-1 [IT-1]」で、「2К4 [2K4]」ミサイルシステムを搭載した。愛称は「Дракон（ドゥラコン、竜）」、ミサイルは「3М7 [3M7]」。1968年から1974年まで運用されたが、このミサイル戦車に後継は無く、代わって汎用戦車の砲身からミサイルを発射する方式を導入した。

　その元祖はT-64B戦車で運用された「9К112 [9K112]」だ。愛称は「Кобра、コブラ」。ミサイルは「9М112 [9M112]」であり、1976年に採用された。砲発射式ミサイルの目的は、西側戦車をアウトレインジ（敵の射程外から攻撃）する狙いと、戦車の天敵である攻撃ヘリコプターに対抗することである。

　T-64は世界初の自動装填装置の搭載で知られるが、125mm砲用の6ETs10M自動装填装置の砲弾トレイを改造した6ETs10MZにより、ミサイルの装填が可能となった。ただし、この自動装填装置は砲弾を前後に分割[※3]し、L字に折り曲げた状態でトレイに収納するため、搭載するミサイルも折り曲げる

※3：砲弾は「侵徹体＋発射薬」と「発射薬」に二分割された。L字に曲げて収納されるため、折り曲げ部分はヒンジで連結することができた。

必要があった。そのため9M112の内部構造は他のミサイルとは異なる異質の配置となっている（写真参照）。9M112は、のちにT-80B戦車にも搭載され、「9M 112M [9M112M]」「9M112M2 [9M112M2]」「9M124 [9M124]」などの発展型では貫徹力が順次強化されている。

T-64 / -80系統に搭載された6ETs 10系自動装填装置とは異なり、T-72戦車ではエレヴェイター式の6ETs40自動装填装置が開発された。こちらは戦車砲弾を完全に二分割して上下に収納する方式だったことで、砲発射ミサイルに問題が生じた。L字ならヒンジで連結できたが、完全二分割では前後のパーツを正しく（回転方向を）一致させることができないのだ。そこで、思い切って前半部分のみに収まる寸法まで全長を圧縮し、後半部分は射出用の装薬（＋スペーサー）のみとした新型ミサイルが開発された。それが「9M119 [9M119]」だ。システム名称は「9K119 [9K119]」、愛称は「Рефлекс（リフレクス、反射）」である。

短く圧縮された9M119の内部構造は、とても奇妙なものだ。まずレーザー・ビーム・ライディングのため、ミサイルの後端には受信部が置かれている。また、主弾頭は充分なスタンドオフを確保する必要から、これも後方に配置された。結果としてロケットモーターを弾頭より前方に置くという構造となった（ノズルは胴体側面）。

9M119は1992年より配備が開始されたが、同ミサイルの登場により、T-64 / -80系統だけでなくT-72 / -90系統でも砲発射ミサイルが運用可能となった。

さらに、9M112の成功を受けて、旧式のT-55 / -62戦車用砲発射式ミサイルも開発された。それが「9K116

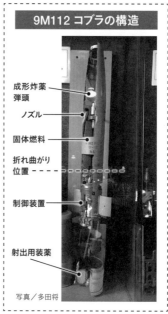

9M112 コブラの構造

成形炸薬弾頭
ノズル
固体燃料
折れ曲がり位置
制御装置
射出用装薬

写真／多田将

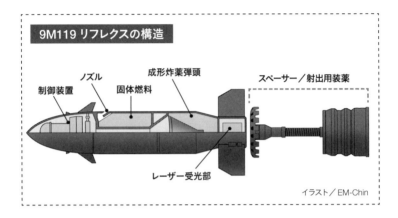

9M119 リフレクスの構造

- 制御装置
- ノズル
- 固体燃料
- 成形炸薬弾頭
- レーザー受光部
- スペーサー/射出用装薬

イラスト/EM-Chin

[9K116]」だ。愛称は「Кастет（カスティエット、ブラスナックル）」、ミサイルは「9M117 [9M117]」である。これら旧式戦車は手動装填式のため、複雑な分割機構の必要はない。また、旧式戦車ゆえに砲の威力に乏しく、より対戦車ミサイルが必要とされる。「9K116-1 [9K116-1]」がT-55用、「9K116-2 [9K116-2]」がT-62用、また「9K116-3 [9K116-3]」がBMP-3歩兵戦闘車輌用となっている。

[米国の対戦車ミサイル]
■完成度の高さゆえに種類が少ない米国

巻末一覧表を見てもらうと、米国の対戦車ミサイルの種類が少ないことに気付く。これは対戦車ミサイルを軽視していたわけではなく、どれも完成度が高いために、いくつも開発する必要がなかった、ということに過ぎない。「いきなり正解を出す」米国式の開発手法が、ここでも発揮されている。こちらは、開発された順に見ていこう。

型式番号的に同国最初の対戦車ミサイルは、意外にも砲発射式の「MGM-51 シレイラ」だ。これはM551空挺戦闘車輌向けに開発された。誘導方式はSACLOSだが、指令信号の送信に赤外線を使う特殊なものだった。この特殊な送信方法や、車体構造とミサイルの飛行経路の関係上、近距離では発射したミ

サイルを照準できないという問題を生じ、最小射程が730mと長すぎる欠点があった。1966年に採用されている。

次に開発されたのが航空機搭載式のAGM-65 マーヴェリックだ。詳しくは第5章の解説をご覧いただきたい。同ミサイルのうち、A／B／D／H型が対装甲車輌用の成形炸薬弾頭を搭載する。

初めての歩兵部隊用（携行式／車載式）対戦車ミサイルが「BGM-71 TOW」だ。TOWの名は、同ミサイルの特徴である「Tube-launched（筒からの発射）、Optically-tracked（光学的追跡）、Wire-guided（有線誘導）」から名付けられている。

1970年に運用を開始し、以降、西側の標準的な歩兵部隊用対戦車ミサイルとして、長く使用された。A型は最初の生産型で、B型では射程が延長された。この射程は、燃料搭載量ではなく、有線誘導用の信号線の長さで決まっていたため、それを延長したものである[※4]。C型からは成形炸薬弾頭のスタンドオフを最適にするため、起爆用のセンサーが先端に突き出す形状となった。D型では弾頭部がロケットモーター部と同じ外径まで拡大され、貫徹力が向上したほか、妨害に強い電子機器が搭載された。さらに、E型はタンデム弾頭化され、F型では装甲の脆弱な戦車の上面を攻撃する方式が採用された。この上面攻撃は、8.3節で解説したように戦車の上を通過する軌道を飛行し、レーザー近接信管と磁気信管を併載[※5]して、戦車を真下に捉えた瞬間に起爆するもので、弾頭（自己鍛造弾頭）が下向きに設置されている（前述した「Overflight Top Attack、OTA」）。なお、H型も存在するが、こちらは対戦車用ではなく地中貫通弾頭を搭載している。

BGM-71が歩兵部隊用とはいえ巨大で、基本的に車載運用だったのに対して、より小型で歩兵が肩に担いで運用できる携行式対戦車ミサイルが「FGM-77 ドラゴン」だ。FGMの「F」は携行式ミサイルを示す記号である[※6]。1975年から運用が開始されたA型と、弾頭を強化し1988年から運用されたB型がある。

固定翼機用のAGM-65、歩兵部隊用のBGM-71と並び、西側で広く普及したヘリコプター搭載用対戦車ミサイルが「AGM-114 ヘルファイア」だ。「Hellfire」は「地獄の火」のことだが、「HELicopter Launched FIRE and

---

※4：延長しても信号が伝達できるようになった。
※5：磁気信管は、鉄などの強磁性体が地磁気を乱すのを感知して作動する信管。これにより鉄塊（つまり戦車）を感知し、さらにレーザー近接信管で目的の距離（戦車の真上）を測定して起爆する。
※6：第3章で紹介した携行式地対空ミサイル「FIM-43」や「FIM-92」の「F」も同様の意味。

第8章　対戦車ミサイル

forget missile（ヘリコプター発射式撃ち放しミサイル）」のバクロニムでもある。そして、この名が示す通り「fire and forget（撃ち放し）」能力が重視されている。AGM-114はL型を除いてSALH方式であり完全な撃ち放し能力とは言えないが、第5章でも述べた通りSALHは誘導用レーザーの照射を誰かに「肩代わり」してもらえるため、母機は発射後の退避が可能だ。そして、L型ではARH方式を採用し、完全な撃ち放し式となっている。1985年に初期運用能力を獲得したA型を筆頭に、ロケットモーターやシーカーに改良を加えたB型（海軍／海兵隊用）とC型（陸軍用）、タンデム弾頭搭載のF型、湾岸戦争の戦訓から電子装備を中心に大幅な改良を受けたK型、前述したARHのL型、対陣地・軽車輛用に通常の弾頭を搭載したM型、サーモバリック弾頭のN型、無人航空機用のP型、

米国が開発し、西側に広く普及したAGM-114 ヘルファイア。攻撃／汎用ヘリコプターに搭載され、近年では攻撃型無人航空機の主要な武装ともなっている（写真／U.S. Air National Guard）

成形炸薬弾頭と通常弾頭両者の効果を最適化した多用途の新型弾頭を搭載したR型がある。

　前述した歩兵携行式FGM-77の後継として開発されたのが、1996年から運用を開始した「FGM-148 ジャヴェリン」だ。ウクライナ戦争での活躍で、一躍脚光を浴びた。FGM-77と同じ肩撃ち式で、発射筒に指令発射ユニット（Command Launch Unit、CLU）が取り付けられている。FGM-148の最大の特徴は、誘導方式をIIRHとしたことで、これによって「撃ち放し」が可能となった。また弾頭がタンデムとなり攻撃力も高い。射程は2,500mだが、2025年から配備予定の新型CLUの使用で4,000mまで延長されるという。

　また、簡易な無誘導の対戦車ロケット火器を補完する目的で、「FGM-172 プレデター」を海兵隊が少数のみ調達している。射程は600mで、対戦車ロケットよりは長いが、対戦車ミサイルとしては短い。そのぶん軽量で操作も容易であり、肩撃ち式発射機は使い捨てとなっている。FGM-172で注目したいのは誘導方式にPLOS（8.2節）を採用した点だ。さらにBGM-71Fと同じくOTAで、自己鍛造弾により戦車上面を攻撃する。なお対戦車用のA型のほか、対装甲用でない通常弾頭搭載のB型がある。

　航空機搭載対戦車ミサイルでは、AGM-65とAGM-114の後継として「AGM-169」が2000年代初めに開発されたが、政治的な思惑もあり中止された。その代替として生まれたのが「AGM-179 JAGM」だ。JAGMとは「Joint Air-to-Ground Missile（統合空対地ミサイル）」の意味で、対車輛用に限らない、多目的の小型空対地ミサイルだが、AGM-114の後継ということで本章にて紹介する。誘導方式は、慣性航法と衛星航法で飛行し、そのまま目標に向かうか、終末誘導でSALHを使うかを選択できる。現在の時勢に合わせて、弾頭は周辺への被害を抑制したものが採用されている。ヘリコプターや固定翼攻撃機のほか、無人航空機、AC-130ガンシップ、KC-130給油機からも運用可能となっている。2019年より本格的な生産が開始されている。

ミサイル一覧表

■空対空ミサイル

型式	発射重量 [kg]	弾頭重量 [kg]	全長 [mm]	射程 [km]	交戦速度 [km/h]	速度 [km/h]	終末誘導
ソヴィエト連邦／ロシア連邦							
RS-1U	74	11	2,356	3	1,600	2,900	BR
RS-2U	83	13	2,450	5	1,600	2,900	BR
RS-2US	83	15	2,428	7		2,900	BR
R-55	92	9	2,000	10		2,900	IRH
R-3R	84	11	3,120	8			SARH
R-3S	75	11	2,838	8		2,000	IRH
R-8MR	275	40	4,180	12			SARH
R-8MT	227	40	4,050	12			IRH
R-98R	275	40	4,260	16			SARH
R-98T	227	40	4,140	24			IRH
R-98MR	275	40	4,260	16			SARH
R-98MT	227	40	4,160	21			IRH
R-40R	455	38	6,376	30		5,760	SARH
R-40T	466	38	5,980	36		5,760	IRH
R-23R	222	25	4,460	35		3,700	SARH
R-23T	215	25	4,160	25		3,700	IRH
R-24R	243	35	4,487	50			SARH
R-24T	235	35	4,194	35			IRH
R-27P	253	39	4,080	80	3,500	4,800	SARH
R-27T	254	39	3,795	70	3,500	4,800	IRH
R-27ER	350	39	4,780	130	3,500	4,800	SARH
R-27ET	343	39	4,500	120	3,500	4,800	IRH
R-60	44	3	2,095	7		2,700	IRH
R-60M	45	4	2,140	10		2,700	IRH
R-73(RMD-1)	105	8	2,900	20		2,500	IRH
R-73(RMD-2)	110	8	2,900	40		2,500	IRH
R-74M	107	8	2,900	40		2,500	IRH
R-77	175	23	3,500	110	3,600	4,200	ARH
R-77PD	225	22	3,700	180		5,300	ARH
R-77M				190			ARH
R-33	491	55	4,150	200		4,800	SARH
R-37	600	60	4,200	400		6,400	ARH
KS-172	750	50	7,400	400	4,000		ARH
アメリカ合衆国							
AIM-4A	54	3.4	1,980	9.7		3,200	SARH
AIM-4C/D	61	3.4	2,020	9.7		3,200	IRH
AIM-4F	68	13	2,180	11.3		4,200	SARH
AIM-4G	66	13	2,060	11.3		4,200	IRH
AIM-7A	143	20	3,740	10		2,700	BR
AIM-7B	176	20	3,850	7		2,700	SARH
AIM-7C	172	29	3,660	11		4,200	SARH
AIM-7D	180	29	3,660	15		4,200	SARH
AIM-7E	197	29	3,660	30		4,200	SARH

型式	発射重量 [kg]	弾頭重量 [kg]	全長 [mm]	射程 [km]	交戦速度 [km/h]	速度 [km/h]	終末誘導
AIM-7F	231	39	3,660	70		4,200	SARH
AIM-7M	231	40	3,660	70		4,200	SARH
AIM-9B	70	4.5	2,830	4.8		1,800	IRH
AIM-9C	88	11	2,870	18		2,700	SARH
AIM-9D	88	11	2,870	18		2,700	IRH
AIM-9E	74	4.5	3,000	4.2		2,700	IRH
AIM-9G	87	11	2,870	18		2,700	IRH
AIM-9H	84	11	2,870	18		2,700	IRH
AIM-9J	77	4.5	3,050	18		2,700	IRH
AIM-9L	86	9.4	2,850	18		2,700	IRH
AIM-9M	86	9.4	2,850	18		2,700	IRH
AIM-9P	86	9.4	2,850	18		2,700	IRH
AIM-9R	86	9.4	2,850	18		2,700	IRH
AIM-9X	85	9.4	3,020	40			IIRH
AIM-54A	453	60	4,010	130		4,600	ARH
AIM-54C	462	60	4,010	150		5,300	ARH
AIM-120A	152	23	3,655	70		4,200	ARH
AIM-120C	157	18	3,655	105		4,200	ARH
AIM-120D	161		3,655	160		4,200	ARH

◎誘導方式の略記号　SARH：セミアクティヴ・レーダー・ホーミング、ARH：アクティヴ・レーダー・ホーミング、
　　　　　　　　　IRH：赤外線誘導、IIRH：赤外線画像誘導、BR：ビーム・ライディング

■地対空／艦対空ミサイル

核弾頭搭載の場合、弾頭重量欄には核出力を記載する。

システム 名称	迎撃体	発射重量 [kg]	弾頭 重量 [kg]	全長 [mm]	最大／最小 射程 [km]	最大／最低 射高 [km/m]	交戦 速度 [km/h]	速度 [km/h]	終末 誘導
◆地対空ミサイル									
ソヴィエト連邦／ロシア連邦									
戦略防空									
S-25	V-300	3,580	318	11,816	35／-	25／3,000	1,250		BR
S-75	V-750	2,300	196	10,600	42／7	29／3,000		3,200	BR
S-125	V-600	950	60	6,090	12／6	10／200	2,000		CLOS
S-200	V-860	7,100	217	10,800	200／7	27／300		2,500	SARH
S-300P	5V55K	1,450	133	7,250	47／5	27／25	4,700	6,800	TVM
	5V55R	1,450	133	7,250	90／5	27／25	4,700	6,800	SARH
	9M96	333	26	4,750	40／1	20／5	3,200	3,200	ARH
	9M96M	333	26	4,750	60／1	35／5		3,200	ARH
	9M96E	420	26	5,650	120／1	30／5		3,600	ARH
	48N6	1,780	145	7,500	150／5	27／10	10,000	7,600	TVM
S-350	9M96	333	26	4,750	40／1	20／5		3,200	ARH
	9M100	70		2,500	15／0.5	8／5	3,600		IR
S-400	9M96	333	26	4,750	40／1	20／5		3,200	ARH
	9M100	70		2,500	15／0.5	8／5	3,600		IR
	48N6M	1,835	150	7,500	200／5	27／10	10,000	7,600	SARH
	48N6DM	1,835	180	7,500	250／5	27／10	17,000	9,000	SARH
	40N6	1,893			380／5	30／10		4,300	ARH

ミサイル一覧表

システム名称	迎撃体	発射重量 [kg]	弾頭重量 [kg]	全長 [mm]	最大／最小射程 [km]	最大／最低射高 [km/m]	交戦速度 [km/s]	速度 [km/h]	終末誘導
S-500	40N6M					40／-			ARH
	77N6			11,000	600／-	200／-	25,000		
野戦防空									
9K31	9M31	30	3	1,803	4／0.8	3／50	1,200	1,500	IIRH
9K33	9M33	128	15	3,158	9／-	5／10	1,800	1,800	CLOS
9K35	9M37	43	3	2,190	5／-	3.5／25	1,500	1,900	IIRH
9K330	9M330	165	15	2,890	12／-	6／10	2,500	2,500	COLOS
2K11	3M8	2,460	135	8,800	50／7	25／150	3,600	2,700	BR
2K12	3M9	630	57	5,800	22／6	7／100	2,000	2,000	SARH
9K37	9M38	685	70	5,500	35／3.5	22／15	2,900	3,600	SARH
	9M317	715	70	5,550	50／3	25／10	4,000		SARH
9K317M	9M317M	580	62	5,180	70／2.5	35／5	11,000	5,600	ARH
S-300V	9M82	5,800	150	9,910	100／13	30／1,000	11,000	6,500	SARH
	9M83	3,500	150	7,890	72／6	25／25		4,300	SARH
S-300VM	9M82M				200／-	30／1,000	16,000	9,400	SARH
	9M83M				200／-	25／25		6,100	SARH
近接防空									
2K22	9M311	42	9		8／2.5	3.5／15	1,600	2,200	SACLOS
96K6	57E6E	75	20	3,200	20／1.2	15／15	3,600	4,700	COLOS
アメリカ合衆国									
MIM-3		1,120	142	9,960	48／-	21／-		2,400	COLOS
CIM-10		7,020		14,200	400／-	20／-		3,000	ARH
MIM-14		4,860	500	12,500	140／-	30／-		3,900	COLOS
MIM-23		584	54	5,080	25／-	14／-		2,500	SARH
MIM-72		86	11	2,900	6／-	3／-		1,600	IRH
MIM-104	MIM-104A	914	91	5,310	70／-	24／-			TVM
	MIM-104B	914	91	5,310	90／-	24／-		3,000	TVM
	MIM-104C	914	84	5,310	160／-	24／-		4,400	TVM

◆携行式地対空ミサイル

ソヴィエト連邦／ロシア連邦

システム名称	迎撃体	発射重量 [kg]	弾頭重量 [kg]	全長 [mm]	最大／最小射程 [km]	最大／最低射高 [km/m]	交戦速度 [km/s]	速度 [km/h]	終末誘導
9K32	9M32	9.15	1.17	1,443	3.4／-	1.5／50	790	1,500	IRH
9K34	9M36	10.3	1.17		4.5／0.5	3／30	1,100		IRH
9K38	9M39	10.6	1.3	1,680	5／-	3.5／10	1,300	2,100	IRH

アメリカ合衆国

FIM-43		8.3	1.06	1,200	4.5／-	2.7／-		2,100	IRH
FIM-92		5.68	3	1,520	4.8／-	3.8／-		2,700	IRH

◆艦対空ミサイル

ソヴィエト連邦／ロシア連邦

艦隊防空

システム名称	迎撃体	発射重量 [kg]	弾頭重量 [kg]	全長 [mm]	最大／最小射程 [km]	最大／最低射高 [km/m]	交戦速度 [km/s]	速度 [km/h]	終末誘導
M-1	V-600	912	60	5,890	15／3.5	10／100	2,200	2,200	CLOS
	V-601	953	72	6,093	22／4	18／100	2,500	2,600	CLOS
M-11	V-611	1,844	125	6,100	55／-	30／100	2,700	4,300	SARH
M-22	9M38	685	70	5,500	25／1	12／25	3,000	3,200	SARH
S-300F	5V55RM	1,664	130	7,250	75／5	25／25	4,700	7,200	SARH

システム名	迎撃体	発射重量[kg]	弾頭重量[kg]	全長[mm]	最大/最小射程[km]	最大/最低射高[km/m]	交戦速度[km/h]	速度[km/h]	終末誘導
S-300FM	5V55RM	1,664	130	7,250	75／5	25／25	4,700	7,200	SARH
	48N6	1,780	145	7,500	150／5	27／10	11,000	7,600	SARH
	48N6M	1,835	150	7,500	200／5	27／10			SARH
3K96	9M96	333	26	4,750	40／1	20／5	4,800	3,200	ARH
	9M100	70		2,500	15／0.5				IRH
個艦防空									
4K33	9M33	128	14	3,158	15／-	4／5	1,500	1,800	CLOS
3K95	9M330-2	165		2,890	12／1.5	6／10	2,500	3,100	COLOS
3M87	9M311	44	9	2,500	8／1.5	3.5／5	3,200	3,300	SACLOS
3M89	9M337	26	5	2,317	4／1.5			4,300	SALH
3M47	9M120	43	10	2,100	6／1.3			2,000	SACLOS
96K6	57E6E	75	20	3,200	20／1.2	15／15	3,600	4,700	COLOS
アメリカ合衆国									
艦隊防空									
RIM-2	RIM-2B	1,064	99	8,250	19／-	12／-		1,900	BR
	RIM-2D	1,360	(1kT)	8,000	37／-	24／-		3,200	BR
	RIM-2F	1,360	99	8,000	75／-	24／-		3,200	SARH
RIM-8	RIM-8A	3,530	136	9,800	90／-	24／-		2,700	SARH
	RIM-8G	3,530	136	9,800	190／-	24／-		2,700	SARH
	RIM-8J	3,530	136	9,800	240／-	24／-		2,700	SARH
RIM-24	RIM-24A	580	60	4,600	14／-	15／-		1,900	SARH
	RIM-24B	590	60	4,720	30／-	20／-		1,900	SARH
	RIM-24C	590	60	4,720	32／-	20／-		1,900	SARH
RIM-66	RIM-66A	562		4,470	32／-	20／-		2,700	SARH
	RIM-66B	630		4,470	46／-	24／-		2,700	SARH
	RIM-66C	621		4,720	74／-	24／-		3,700	SARH
	RIM-66E	630		4,470	46／-	20／-		3,700	SARH
	RIM-66M	708		4,720	167／-			3,700	SARH
RIM-67	RIM-67A	1,340		7,980	65／-	24／-		2,700	SARH
	RIM-67C	1,340		7,980	185／-	24／-		3,700	SARH
RIM-156	RIM-156A	1,450		6,550	240／-	33／-		3,700	SARH
RIM-174	RIM-174A	1,500		6,550	240／-	33／-		3,700	ARH
個艦防空									
RIM-7	RIM-7M	231	40	3,660	26／-			4,200	SARH
RIM-116	RIM-116A	73	9.1	2,820	9／-			2,700	IRH/PRH
RIM-162	RIM-162A	280	39	3,660	50／-			4,200	SARH

◆弾道弾防御システム

ソヴィエト連邦／ロシア連邦

モスクワ防衛用

システム名	迎撃体	発射重量[kg]	弾頭重量[kg]	全長[mm]	最大/最小射程[km]	最大/最低射高[km/m]	交戦速度[km/h]	速度[km/h]	終末誘導
A-35	A-350Zh	33,000	(2MT)	19,800	400／130	350／50,000	18,000		COLOS
A-35M	A-350R	33,000	(550kT)	19,800	520／-	350／50,000	18,000		COLOS
A-135	51T6	33,000	(20kT)	19,800	850／130	670／70,000	25,000		COLOS
	53T6	9,693	(10kT)	12,020	100／21	30／5,000	25,000	20,000	COLOS

ミサイル一覧表

システム名称	迎撃体	発射重量 [kg]	弾頭重量 [kg]	全長 [mm]	最大／最小射程 [km]	最大／最低射高 [km／m]	交戦速度 [km/h]	速度 [km/h]	終末誘導
A-235	A-925				1,500／-	800／50,000			
	58R6					120／15,000			
	45T6				350／-	50／-			
S-300系統への弾道弾迎撃能力付与									
S-300 PMU	5V55R	1,450	133	7,250	90／5	27／25	4,700	6,800	SARH
	48N6	1,780	145	7,500	150／5	27／10	10,000	7,600	TVM
S-300V	9M82	5,800	150	9,910	100／13	30／1,000	11,000	6,500	SARH
S-300VM	9M82M				200／-	30／1,000	16,000	9,400	SARH
S-400	48N6DM	1,835	180	7,500	250／5	27／10	17,000	9,000	SARH
S-500	77N6			11,000	600／-	200／-	25,000		
アメリカ合衆国									
冷戦期									
LIM-49		13,100	(5MT)	16,800	740／-	560／-			COLOS
スプリント		3,500	(1kT)	8,200	40／-	30／1,500		12,000	COLOS
2000年代以降									
GMD	GBI	21,600		16,610	5,500／-	2,000／-	26,000		IIRH
SM-3 IA	RIM-161B			6,550	900／-	500／70,000	11,000		IRH
SM-3 IB	RIM-161C			6,550	900／-	500／70,000	11,000		IRH
SM-3 IIA	RIM-161D			6,550	2,500／-		16,000		IRH
SM-3 IIB				6,550			20,000		IRH
THAAD		900		6,170	200／-	150／40,000	18,000	10,000	IIRH
PAC-3		320		5,200	20／-	15／50	58,00	5,300	ARH

◎誘導方式の略記号　CLOS：指令照準線一致誘導、SACLOS：半自動指令照準線一致誘導、
COLOS：指令照準線非一致誘導、TVM：TVM誘導、BR：ビーム・ライディング、
SARH：セミアクティヴ・レーダー・ホーミング、ARH：アクティヴ・レーダー・ホーミング、
IRH：赤外線誘導、IIRH：赤外線画像誘導、PRH：パッシヴ・レーダー・ホーミング

■対艦ミサイル

型式	発射重量 [kg]	弾頭重量 [kg]	全長 [mm]	射程 [km]	速度 [km/h]	エンジン	中間誘導	終末誘導
◆空対艦ミサイル								
ソヴィエト連邦／ロシア連邦								
大型対艦ミサイル								
KS-1	2,760	600	8,290	90	1,200	TJ	BR	SARH
K-10S	4,530	940	9,750	250	2,030	TJ	IN+CC	ARH
KSR-2	4,077	850	8,590	170	1,250	液体	IN	ARH
KSR-5	3,952	700	10,560	240	3,200	液体	IN	ARH
KSR-5N	3,944	900	10,560	250	3,200	液体	IN	ARH
Kh-20	11,600	2,300	14,950	260	2,200	TJ	IN+CC	COLOS
Kh-20M	12,000	2,300	14,950	380	2,200	TJ	IN+CC	COLOS
Kh-22	5,635	900	11,650	300	3,700	液体		ARH
Kh-22M	5,900	930	11,650	400	4,000	液体	IN	ARH
Kh-22MA	5,900	930	11,650	400	4,000	液体	IN	ARH
Kh-22N	5,900	930	11,670	400	4,000	液体	IN	ARH
Kh-22NA	6,000	1,000	11,670	300	4,000	液体	IN+TC	ARH
Kh-32	5,780		11,650	600	4,000	液体	IN	ARH
Kh-15S	1,200	150	4,780	150	5,000	固体	IN	ARH
Kh-41	3,950	300	9,385	250	3,000	RJ	IN	ARH
小型および汎用対艦ミサイル								
Kh-35	520	145	3,850	130	1,000	TF	IN	ARH
Kh-31A	610	94	4,700	50	3,600	RJ		ARH
Kh-31AD	715	110	5,340	120	3,600	RJ	IN	ARH
アメリカ合衆国								
AGM-84D	540	221	3,850	220	1,000	TJ	IN	ARH
AGM-84E	627	221	4,500	93	1,000	TJ	IN	ARH
AGM-84F	635	221	4,440	315	1,000	TJ	IN	ARH
AGM-84H	725	360	4,370	280	1,000	TJ	IN	ARH
AGM-158C	1,100	450		800				
◆艦対艦ミサイル								
ソヴィエト連邦／ロシア連邦								
大型対艦ミサイル								
P-6	5,670	930	10,200	350	1,500	TJ	MRS	ARH
P-35	5,300	500	9,800	270	1,800	TJ	MRS	ARH
P-500	4,800	1,000	11,700	550	2,700	TJ	MRS	ARH
P-1000	5,070	500	11,700	1,000	2,700	TJ	MRS	ARH
P-700	7,360	750	8,840	700	2,900	TJ	MRS	ARH
P-800	3,000	250	8,000	600	2,700	RJ	IN	ARH
P-70	2,900	500	7,000	80	1,100	固体	IN	ARH
P-120	5,400	800	8,840	150	1,100	TJ	IN	ARH
P-270	3,950	300	9,385	90	2,800	RJ	IN	ARH
3M22				1000	9,000		IN	ARH
小型対艦ミサイル								
P-1	3,100	320	7,600	40	940	TJ		ARH
P-15	2,125	480	6,425	40	1,100	TJ	IN	ARH
P-15M	2,573	513	6,665	80	1,200	TJ	IN	ARH

207

型式	発射重量[kg]	弾頭重量[kg]	全長[mm]	射程[km]	速度[km/h]	エンジン	中間誘導	終末誘導
近年の汎用対艦ミサイル								
3M24	600	145	4,400	130	970	TJ	IN	ARH
3M54	2,275	200	8,220	220	2,500	TJ	IN	ARH
アメリカ合衆国								
RGM-84D	690	221	4,630	140	1,000	TJ	IN	ARH

システム名称	ミサイル	発射重量[kg]	弾頭重量[kg]	全長[mm]	射程[km]	速度[km/h]	エンジン	中間誘導	終末誘導
◆地対艦ミサイル									
ソヴィエト連邦／ロシア連邦									
4K87	KS-1	2,760	600	8,290	90	1,200	TJ	BR	SARH
4K44	P-35	5,300	500	9,800	270	1,800	TJ	MRS	ARH
4K51	P-15M	2,573	513	6,665	80	1,200	TJ	IN	ARH
3K55	P-800	3,000	250	8,000	600	2,700	RJ	IN	ARH
3K60	Kh-35	600	145	4,400	130	970	TF	IN	ARH
ウクライナ									
RK-360MTs	R-360	870	150	5,500	280	1,000	TF	IN	ARH

◎誘導方式の略記号　IN：慣性航法、CC：指令誘導による補正、TC：地形による補正（TERCOMに類似）、
　　　　　　　　　MRS：照準用海洋レーダーシステム、SARH：セミアクティヴ・レーダー・ホーミング、
　　　　　　　　　ARH：アクティヴ・レーダー・ホーミング、BR：ビーム・ライディング、
　　　　　　　　　COLOS：指令照準線非一致誘導
◎エンジンの略記号　TJ：ターボジェット、TF：ターボファン、RJ：ラムジェット、
　　　　　　　　　液体：液体燃料式ロケット、固体：固体燃料式ロケット

■空対地ミサイル

核弾頭搭載の場合、弾頭重量欄には核出力を記載する。

型式	発射重量[kg]	弾頭重量[kg]	全長[mm]	射程[km]	速度[km/h]	平均誤差半径[m]	エンジン	中間誘導	終末誘導
ソヴィエト連邦／ロシア連邦									
Kh-66	278	103	3,631	10	2,200	9~12	固体		BR
Kh-23	289	111	3,591	10	2,900		固体		MCLOS
Kh-23M	300	90	3,570	10			固体		MCLOS
Kh-25	316	112+24	3,750	10	3,100	5~10	固体		SALH
Kh-25MA	320	86	4,300	10	3,100		固体		ARH
Kh-25ML	295	90	3,750	10	3,100	5~10	固体		SALH
Kh-25MR	320	140	3,830	10	3,200		固体		MCLOS
Kh-25MT	320	86	4,040	20	2,900		固体		TV
Kh-25MTP	320	90	4,224	10	3,100		固体		IIRH
Kh-29L	660	317	3,875	10	2,600	3.5~4	固体	IN	SALH
Kh-29T	680	317	3,875	12	2,600	2.2	固体	IN	TV
Kh-38ML	520	250	4,200	70	2,300		固体	IN	SALH
Kh-38MK	520	250	4,200	70	2,300		固体	IN+GLN	
Kh-38MT	520	250	4,200	70	2,300		固体	IN	IIRH
Kh-38MA	520	250	4,200	70	2,300		固体	IN	ARH
Kh-59	760	148	5,368	40	1,050	2~3	固体	IN	TV
Kh-59M	920	320	5,690	115	1,050	2~3	TF	IN	TV

型式	発射重量[kg]	弾頭重量[kg]	全長[mm]	射程[km]	速度[km/h]	平均誤差半径[m]	エンジン	中間誘導	終末誘導
Kh-59M2	960	320	5,690	115	1,050	3~5	TF	IN	ARH
Kh-59MK	930	320	5,690	285	1,050	4~7	TF	IN+GLN	ARH
Kh-59MK2	900	320	5,700	285	1,050	3~5	TF	IN+GLN	TV
Kh-59MK2※	770	310	4,200	290	1,000	3~5	TF	IN+GLN	TV
Kh-15	1,100	(350kT)	4,780	150	5,000	5~8	固体	IN	
Kh-22PSI	5,635	(350kT)	11,650	300	3,700		液体	IN	
9-S-7760	4,000	500	7,700	1,000	11,000	5	固体	IN+GLN	
Grom-1	594	315	4,200	120			固体	IN+GLN	
アメリカ合衆国									
AGM-12B	259	110	3,200	11	780		液体		MCLOS
AGM-12C	810	440	4,140	16	780		液体		MCLOS
AGM-12D	259	(15kT)	3,200	11	780		液体		MCLOS
AGM-12E	810		4,140	16	780		液体		MCLOS
AGM-65A	210	57	2,490	27	1,150	1.5	固体		TV
AGM-65D	220	57	2,490	27	1,150		固体		IIRH
AGM-65E	286	136	2,490	27	1,150		固体		SALH
AGM-65F	304	136	2,490	27	1,150		固体		IIRH
AGM-65H	201	57	2,490	27	1,150		固体		TV
AGM-65J	297	136	2,490	27	1,150		固体		TV
AGM-65K	306	136	2,490	27	1,150		固体		TV
AGM-69	1,010	(200kT)	4,830	160	3,200	430	固体	IN	
AGM-84E	627	221	4,500	93	855		TJ	IN+GPS	IIRH
AGM-87	70		2,830				固体		IRH
AGM-123	580	450	4,270	25	1,100		固体		SALH
AGM-130A	1,320	429	3,920	75			固体	IN+GPS	TV
AGM-130C		874	3,920	75			固体	IN+GPS	TV
AGM-131A	900	(200kT)	3,180	400			固体	IN	
AGM-131B		(10/100kT)	3,180	400			固体	IN	
AGM-142A	1,360	340	4,830	80			固体	IN	TV
AGM-142B		340	4,830	80			固体	IN	IIRH
AGM-142C		350	4,830	80			固体	IN	TV
AGM-142D		350	4,830	80			固体	IN	IIRH
AGM-176	20	5.9	1,100	20			固体	IN+GPS	SALH
AGM-183							固体		

◎誘導方式の略記号　IN：慣性航法、GLN：衛星航法（GLONASS）、GPS：衛星航法（GPS）、
　　　　　　　　　BR：ビーム・ライディング、MCLOS：手動指令照準線一致誘導、TV：テレビ誘導、
　　　　　　　　　SARH：セミアクティヴ・レーダー・ホーミング、ARH：アクティヴ・レーダー・ホーミング、
　　　　　　　　　IRH：赤外線誘導、IIRH：赤外線画像誘導

◎エンジンの略記号　TJ：ターボジェット、TF：ターボファン、
　　　　　　　　　液体：液体燃料式ロケット、固体：固体燃料式ロケット

■誘導爆弾

型式	投下重量 [kg]	弾頭重量／炸薬重量 [kg]	弾頭形式	用途	全長 [mm]	射程 [km]	平均誤差半径 [m]	誘導方式
ソヴィエト連邦／ロシア連邦								
KAB-250L	256	166 / 91			3,200		3~5	SALH
KAB-250S								IN+GLN
KAB-500Kr	520	380 / 100		地中貫通	3,050		4~7	TV
KAB-500-OD	370	250 / 140		気化	3,050		4~7	TV
KAB-500L	560	460 / 195			3,000		7~12	IN+GLN
KAB-500S	534	360 / -			3,050		7~10	SALH
KAB-1500TK	1,475	1075 / -			4,500		5~10	TV
KAB-1500Kr	1,525	1170 / 440			4,630		4~7	TV
KAB-1500Kr-OD	1,525	1170 / 650		気化	4,630		4~7	TV
KAB-1500Kr-Pr	1,525	1120 / 210		地中貫通	4,630		4~7	TV
KAB-1500LG-OD	1,450	1170 / 650		気化	4,240		4~7	SALH
KAB-1500LG-F	1,525	1170 / 440			4,280		4~7	SALH
KAB-1500LG-Pr	1,525	1120 / 210		地中貫通	4,280		4~7	SALH
Grom-2	598	315+165 / -			4,200	50		IN+GLN
PBK-500U	540			クラスター		50		IN+GLN
アメリカ合衆国								
GBU-1/B		340 / 175	M117				23	SALH
GBU-2/B	1,000		CBU-75/B	クラスター	4,570		23	SALH
GBU-3/B			CBU-74/B	クラスター			23	SALH
GBU-5/B			Mk20	クラスター			23	SALH
GBU-6/B			CBU-79/B	クラスター			23	SALH
GBU-7/B			CBU-80/B	クラスター			23	SALH
GBU-8/B	1,027	925 / 429	Mk84		3,630			TV
GBU-9/B		1400 / 858	M118		3,660			TV
GBU-10/B	944	925 / 429	Mk84		4,330		23	SALH
GBU-10A/B		925 / 429	Mk84		4,330		23	SALH
GBU-10B/B		925 / 429	Mk84				23	SALH
GBU-10C/B		925 / 429	Mk84		4,390		6	SALH
GBU-10D/B		925 / 429	Mk84		4,390		6	SALH
GBU-10E/B	957	925 / 429	Mk84		4,390		6	SALH
GBU-10F/B		925 / 429	Mk84				6	SALH
GBU-10G/B		874 / -	BLU-109	地中貫通	4,220		6	SALH
GBU-10H/B		874 / -	BLU-109	地中貫通	4,220		6	SALH
GBU-10J/B	966	874 / -	BLU-109	地中貫通	4,220		6	SALH
GBU-10K/B		874 / -	BLU-109	地中貫通			6	SALH
GBU-11/B	1,391		M118E1		4,190		23	SALH
GBU-11A/B			M118E1				23	SALH
GBU-12/B		227 / 87	Mk82		3,200		23	SALH
GBU-12A/B	295	227 / 87	Mk82		3,200		23	SALH
GBU-12B/B	275	227 / 87	Mk82		3,330		6	SALH
GBU-12C/B		227 / 87	Mk82		3,330		6	SALH
GBU-12D/B		227 / 87	Mk82		3,330		6	SALH
GBU-12E/B		227 / 87	Mk82				6	SALH
GBU-12F/B		227 / 87	Mk82				6	SALH

型式	投下重量[kg]	弾頭重量/炸薬重量[kg]	弾頭形式	用途	全長[mm]	射程[km]	平均誤差半径[m]	誘導方式
GBU-15(V)1/B	1,100	925 / 429	Mk84		3,960			TV
GBU-15(V)2/B	1,100	925 / 429	Mk84		3,960			IIRH
GBU-15(V)31/B		874 / -	BLU-109	地中貫通	3,920			TV
GBU-15(V)32/B		874 / -	BLU-109	地中貫通	3,920			IIRH
GBU-16/B	495	459 / 202	Mk83		3,680		6	SALH
GBU-16A/B		459 / 202	Mk83		3,680		6	SALH
GBU-16B/B		459 / 202	Mk83		3,680		6	SALH
GBU-16C/B		459 / 202	Mk83				6	SALH
GBU-22/B		227 / 87	Mk82				1	IN+SALH
GBU-24/B	1,050	925 / 429	Mk84		4,390		1	IN+SALH
GBU-24A/B	1,065	874 / -	BLU-109	地中貫通	4,310		1	IN+SALH
GBU-24B/B		874 / -	BLU-109	地中貫通	4,310		1	IN+SALH
GBU-24C/B		874 / 109	BLU-116	地中貫通			1	IN+SALH
GBU-24D/B		874 / 109	BLU-116	地中貫通			1	IN+SALH
EGBU-24E/B		874 / -	BLU-109	地中貫通			1	IN+GPS+SALH
GBU-24F/B		874 / 109	BLU-116	地中貫通			1	IN+SALH
EGBU-24G/B		874 / 109	BLU-116	地中貫通			1	IN+GPS+SALH
GBU-24(V)1/B		925 / 429	Mk84				1	IN+SALH
GBU-24(V)2/B		874 / -	BLU-109	地中貫通			1	IN+SALH
GBU-24(V)3/B		925 / 429	Mk84				1	IN+SALH
GBU-24(V)4/B		874 / -	BLU-109	地中貫通			1	IN+SALH
GBU-24(V)7/B		925 / 429	Mk84				1	IN+SALH
GBU-24(V)8/B		874 / -	BLU-109	地中貫通			1	IN+SALH
EGBU-24(V)9/B		925 / 429	Mk84				1	IN+SALH
EGBU-24(V)10/B		874 / -	BLU-109	地中貫通			1	IN+SALH
EGBU-24(V)12/B		874 / -	BLU-109	地中貫通			1	IN+SALH
GBU-27/B	984	874 / -	BLU-109	地中貫通	4,240		1	IN+SALH
EGBU-27A/B		874 / -	BLU-109	地中貫通			1	IN+GPS+SALH
EGBU-27B/B		874 / 109	BLU-116	地中貫通			1	IN+GPS+SALH
GBU-28/B		2002 / 290	BLU-113	地中貫通	5,820		1	IN+SALH
GBU-28A/B	2,076	2002 / 290	BLU-113	地中貫通	5,810		1	IN+SALH
EGBU-28B/B		2002 / 290	BLU-113	地中貫通			1	IN+GPS+SALH
EGBU-28C/B		2018 / 354	BLU-122	地中貫通			1	IN+GPS+SALH
EGBU-28D/B		2018 / 354	BLU-122	地中貫通			1	IN+GPS+SALH
EGBU-28E/B		2002 / 290	BLU-113	地中貫通			1	IN+GPS+SALH
GBU-31(V)1/B		925 / 429	Mk84		3,880	24	10	IN+GPS
GBU-31(V)2/B	946	925 / 429	Mk84		3,880	24	10	IN+GPS
GBU-31(V)3/B		874 / -	BLU-109	地中貫通	3,770	24	10	IN+GPS
GBU-31(V)4/B	981	874 / -	BLU-109	地中貫通	3,770	24	10	IN+GPS
GBU-31(V)5/B		- / 256	BLU-119	焼夷		24	10	IN+GPS

型式	投下重量[kg]	弾頭重量/炸薬重量[kg]	弾頭形式	用途	全長[mm]	射程[km]	平均誤差半径[m]	誘導方式
GBU-31B (V) 1/B		925 / 429	Mk84			24	10	IN+GPS
GBU-31B (V) 2/B		925 / 429	Mk84			24	10	IN+GPS
GBU-31B (V) 3/B		874 / -	BLU-109	地中貫通		24	10	IN+GPS
GBU-31B (V) 4/B		874 / -	BLU-109	地中貫通		24	10	IN+GPS
GBU-31C (V) 1/B		925 / 429	Mk84			24	10	IN+GPS
GBU-31C (V) 2/B		925 / 429	Mk84			24	10	IN+GPS
GBU-31C (V) 3/B		874 / -	BLU-109	地中貫通		24	10	IN+GPS
GBU-31C (V) 4/B		874 / -	BLU-109	地中貫通		24	10	IN+GPS
GBU-31v11			BLU-136	破片		24	10	IN+GPS
GBU-32 (V) 1/B		459 / 202	Mk83			24	10	IN+GPS
GBU-32 (V) 2/B	468		BLU-110	耐熱性爆薬	3,035	24	10	IN+GPS
GBU-32B (V) 1/B		459 / 202	Mk83			24	10	IN+GPS
GBU-32B (V) 2/B			BLU-110	耐熱性爆薬		24	10	IN+GPS
GBU-32C (V) 1/B		459 / 202	Mk83			24	10	IN+GPS
GBU-32C (V) 2/B			BLU-110	耐熱性爆薬		24	10	IN+GPS
GBU-35 (V) 1/B			BLU-110	耐熱性爆薬		24	10	IN+GPS
GBU-36/B		925 / 429	Mk84				12〜18	IN+GPS
GBU-37/B	2,100	2016 / 290	BLU-113	地中貫通	5,130		12〜18	IN+GPS
GBU-38 (V) 1/B			BLU-111	耐熱性爆薬	2,353	24	10	IN+GPS
GBU-38 (V) 2/B			BLU-111	耐熱性爆薬		24	10	IN+GPS
GBU-38 (V) 3/B			BLU-126	被害低減		24	10	IN+GPS
GBU-38 (V) 4/B			BLU-126	被害低減		24	10	IN+GPS
GBU-38 (V) 5/B			BLU-129			24	10	IN+GPS
GBU-38B (V) 1/B			BLU-111	耐熱性爆薬		24	10	IN+GPS
GBU-38B (V) 2/B			BLU-111	耐熱性爆薬		24	10	IN+GPS
GBU-38B (V) 3/B			BLU-126	被害低減		24	10	IN+GPS
GBU-38B (V) 4/B			BLU-126	被害低減		24	10	IN+GPS
GBU-38C (V) 1/B			BLU-111	耐熱性爆薬		24	10	IN+GPS
GBU-38C (V) 2/B			BLU-111	耐熱性爆薬		24	10	IN+GPS
GBU-38C (V) 3/B			BLU-126	被害低減		24	10	IN+GPS
GBU-38C (V) 4/B			BLU-126	被害低減		24	10	IN+GPS
GBU-39/B	129	93 / 16		被害低減	1,800		5~8	IN+GPS
GBU-39A/B	129	93 / 62			1,800		5~8	IN+GPS
GBU-39B/B	129	93 / 16		被害低減	1,800			IN+GPS+SALH
GBU-43/B	9,840	- / 8,480			9,190			IN+GPS
GBU-44/B	19				900			IIRH
EGBU-48 (V) 1/B			Mk83				6	IN+GPS+SALH
EGBU-49 (V) 1/B			Mk82				6	IN+GPS+SALH
EGBU-49 (V) 2/B			Mk82				6	IN+GPS+SALH
EGBU-49 (V) 3/B			Mk82				6	IN+GPS+SALH
EGBU-50/B			Mk84				6	IN+GPS+SALH

型式	投下重量 [kg]	弾頭重量/炸薬重量 [kg]	弾頭形式	用途	全長 [mm]	射程 [km]	平均誤差半径 [m]	誘導方式
GBU-51/B	275		BLU-126	被害低減			6	SALH
GBU-53/B	93	48 / -			1,760		1	IN+GPS+ARH+SALH+IIRH
GBU-54(V)1/B			BLU-111	耐熱性爆薬				IN+GPS+SALH
GBU-54(V)2/B			BLU-111	耐熱性爆薬				IN+GPS+SALH
GBU-54(V)3/B			BLU-126	被害低減				IN+GPS+SALH
GBU-54(V)4/B			BLU-126	被害低減				IN+GPS+SALH
GBU-54(V)5/B			BLU-129	被害低減				IN+GPS+SALH
GBU-54B(V)1/B			BLU-111	耐熱性爆薬				IN+GPS+SALH
GBU-54B(V)2/B			BLU-111	耐熱性爆薬				IN+GPS+SALH
GBU-54B(V)3/B			BLU-126	被害低減				IN+GPS+SALH
GBU-54B(V)4/B			BLU-126	被害低減				IN+GPS+SALH
GBU-54C(V)1/B			BLU-111	耐熱性爆薬				IN+GPS+SALH
GBU-54C(V)2/B			BLU-111	耐熱性爆薬				IN+GPS+SALH
GBU-54C(V)3/B			BLU-126	被害低減				IN+GPS+SALH
GBU-54C(V)4/B			BLU-126	被害低減				IN+GPS+SALH
GBU-57A/B	13,600	- / 2700			6,250			IN+GPS
GBU-58/B		119 / 44	Mk81					SALH
EGBU-59/B		119 / 44	Mk81					IN+GPS+SALH
AGM-62A	510	374 / -	Mk58		3,450	30		IN+GPS+IIRH
AGM-62B	1,060	900 / -	Mk87		4,040	45		TV
AGM-154A	483		BLU-97	複合効果	4,260	74		TV
AGM-154C		225+225 / -	BROACH	多段式貫通	4,260			IN+GPS+IIRH
B61 Mod12		(50kT)			3,500		30	IN+GPS

◎誘導方式の略記号　IN：慣性航法、GLN：衛星航法（GLONASS）、GPS：衛星航法（GPS）、
　　　　　　　　　SALH：セミアクティヴ・レーザー・ホーミング、TV：テレビ誘導、
　　　　　　　　　IIRH：赤外線画像誘導

■対電波放射源ミサイル

型式	発射重量 [kg]	弾頭重量 [kg]	全長 [mm]	射程 [km]	速度 [km/h]	平均誤差 半径 [m]	エンジン	中間 誘導
ソヴィエト連邦/ロシア連邦								
Kh-25MP	310	90	4,194	10	3,200		固体	
Kh-25MPU	320	86	4,300	40	3,200		固体	
Kh-27PS	310	90	4,355	10			固体	
Kh-28	715	140	6,040	70	3,300		液体	IN
Kh-31P	600	87	4,700	110	3,600	5~8	RJ	
Kh-31PD	715	110	5,340	180	3,600	5~8	RJ	
Kh-31PK	605		4,800	110	3,600	5~8	RJ	
Kh-58	650	149	4,800	120	4,200		固体	IN
Kh-58U	650	149	4,800	200	4,200	5~8	固体	IN
Kh-58UShK	650	149	4,190	245	4,200		固体	IN
Kh-15P	1,200	150	4,780	150	5,000		固体	IN
Kh-22P	5,635	900	11,650	300	3,700		液体	
Kh-22MP	5,635	900	11,650	400	4,000		液体	IN
KSR-5P	3,952	(350kT)	10,560	300	3,200		液体	IN
KSR-11	4,080	840	8,590	180	1,300			IN
アメリカ合衆国								
AGM-45A	177	68	3,050	16	1,600		固体	
AGM-45B	177	68	3,050	40	1,600		固体	
AGM-78	620	97	4,570	90	2,700		固体	
AGM-88	363	68	4,170	150	3,600		固体	IN
AGM-122	88	11	2,870	16	2,400		固体	

◎誘導方式の略記号　IN：慣性航法
◎エンジンの略記号　RJ：ラムジェット、液体：液体燃料式ロケット、固体：固体燃料式ロケット

■対地巡航ミサイル

核弾頭搭載の場合、弾頭重量欄には核出力を記載する。

型式	発射重量 [kg]	弾頭重量 [kg]	全長 [mm]	射程 [km]	速度 [km/h]	エンジン	平均半径 誤差 [m]	誘導方式
◆空中発射式								
ソヴィエト連邦/ロシア連邦								
Kh-55	1,185	(200kT)	5,880	2,500	830	TF	100	TE
Kh-55SM	1,465	(200kT)	6,040	3,000	830	TF	100	TE
Kh-555	1,500	410	6,040	2,500	830	TF	20	TE+DS +GLN
Kh-101	2,200	400	7,450	5,000	970	TF	6~9	TE+DS +GLN
Kh-102	2,200	(250kT)	7,450	5,000	970	TF	6~9	TE+DS +GLN
アメリカ合衆国								
AGM-28B	4,350	(1.1MT)	12,950	1,180	2,100	TJ	2,000	IN+天測
AGM-84H	725	360	4,370	280	1,040	TJ		IN+GPS +DS+IIRH
AGM-84K	725	360	4,370	280	1,040	TJ		IN+GPS +DS+IIRH
AGM-86B	1,458	(150kT)	6,320	2,400	880	TF	30~90	TE

型式	発射重量[kg]	弾頭重量[kg]	全長[mm]	射程[km]	速度[km/h]	エンジン	平均半径誤差[m]	誘導方式
AGM-86C	1,750	980	6,320	1,100		TF	10	TE+GPS
AGM-86C-I	1,950	1,360	6,320	950		TF	3	TE+GPS
AGM-86D		540	6,320	1,320		TF	3	TE+GPS
AGM-129A	1,680	(150kT)	6,350	3,450	800	TF	30	TE
AGM-158A	1,020	450	4,270	370		TJ		IN+GPS+IIRH
AGM-158B		450	4,270	925		TF		IN+GPS+IIRH
AGM-158D	2,300	910		1,900		TF		IN+GPS+IIRH
AGM-181		(150kT)		2,500		TF		

◆艦艇発射式

ソヴィエト連邦／ロシア連邦

型式	発射重量[kg]	弾頭重量[kg]	全長[mm]	射程[km]	速度[km/h]	エンジン	平均半径誤差[m]	誘導方式
P-5	5,380	(650kT)	11,850	574	1,250	TJ	3,000	IN
3M10	1,700	(200kT)	8,090	2,500	860	TF		TE
3M14	2,300	500	8,220	2,600	1,000	TF	5	IN+GLN+ARH

アメリカ合衆国

型式	発射重量[kg]	弾頭重量[kg]	全長[mm]	射程[km]	速度[km/h]	エンジン	平均半径誤差[m]	誘導方式
RGM-6	5,460	(40kT)	10,100	925	960	TJ		COLOS
RGM-15	13,570	(2,000kT)	19,530	1,850	2,000	TJ		IN
R/UGM-109A	1,450	(150kT)	6,250	2,500	880	TF	80	TE
R/UGM-109B	1,450	450	6,250	460	880	TF		IN+ARH
R/UGM-109C	1,590	450	6,250	1,250	880	TF		TE+DS(+GPS)
R/UGM-109D	1,490	256	6,250	870	880	TF		TE+DS(+GPS)
R/UGM-109E			6,250	3,000	880	TF		TE+DS+GPS
R/UGM-109H			6,250	3,000	880	TF		TE+DS+GPS

◆地上発射式

ソヴィエト連邦／ロシア連邦

型式	発射重量[kg]	弾頭重量[kg]	全長[mm]	射程[km]	速度[km/h]	エンジン	平均半径誤差[m]	誘導方式
3M12	1,700	(200kT)	8,090	2,600	900	TF		TE
3M14K	1,770		6,200		860	TF		IN+GLN+ARH
9M728			7,000	500	940	TF		
9M729			8,000					

アメリカ合衆国

型式	発射重量[kg]	弾頭重量[kg]	全長[mm]	射程[km]	速度[km/h]	エンジン	平均半径誤差[m]	誘導方式
MGM-1C	5,400	(50kT)	12,100	1,000	1,040	TJ		COLOS
MGM-13A	8,500	(1,100kT)	13,600	1,300	1,040	TJ		ATRAN
MGM-13B	8,500	(1,100kT)	13,600	2,400	1,040	TJ		IN
SM-62	27,000	(3,800kT)	20,470	10,200	1,050	TJ	2,400	IN+天測
BGM-109G	1,470	(150kT)	6,250	2,500	800	TF		TE

◎誘導方式の略記号　IN：慣性航法、GLN：衛星航法（GLONASS）、GPS：衛星航法（GPS）、
　　　　　　　　　TE：地形等高線照合（TERCOM）、DS：ディジタル風景照合エリア相関（DSMAC）、
　　　　　　　　　ARH：アクティヴ・レーダー・ホーミング、IIRH：赤外線画像誘導、
　　　　　　　　　COLOS：指令照準線非一致誘導、天測：天測航法、ATRAN：第7章参照

◎エンジンの略記号　TJ：ターボジェット、TF：ターボファン

■対戦車ミサイル

タンデム弾頭の場合、貫徹力欄に「T」の記号を記載する。

型式	弾体	発射重量 [kg]	弾頭重量 [kg]	貫徹力 [mm]	全長 [mm]
ソヴィエト連邦／ロシア連邦					
2K15	3M6	24	5.4	300	1,150
2K16					
2K4	3M7	54		500	1,250
2K8	3M11	28.5	7	500	1,163
9K11	9M14	10.9	2.6	400	860
9K111	9M111	13	2.5	600	863
9K111-1	9M113	14.5	2.7	500	1,165
	9M113M	17		750	
9K112	9M112	37.2	4.5	600	968
	9M112M			700	
	9M112M2			800	
	9M124			1,100	
9K113	9M114			650	
	9M114M			720	
	9M120	42.5		800T	2,100
	9M120M			950T	2,100
9K114	9M114			650	
	9M114M			720	
	9M120	42.5		800T	2,100
	9M120M			950T	2,100
9K115	9M115	4.8	2.5	550	733
9K115-1	9M131	13	5	900	810
9K115-2	9M131M	13		950	
9K116	9M117	17.6		600T	1,048
9K119	9M119	17.2	4.5	850T	
	9M119M			T	
9K121	9M127	45	12		2,750
9K123	9M123	46	8	1,250T	2,040
9K132	9M120	42.5		800T	2,100
	9M120M			950T	2,100
9K135	9M133	26	7	1,300T	1,200
アメリカ合衆国					
MGM-51	-51A	26.8	6.8	600	1,110
	-51B/C	27.8	6.8	600	1,150
AGM-65	-65A/B	209	57		2,490
	-65D	220	57		2,490
	-65H	211	57		2,490
BGM-71	-71A	18.9	3.9	430	1,160
	-71B	18.9	3.9	430	1,160
	-71C	19.1	3.9	630	1,410
	-71D	21.5	5.9	900	1,510
	-71E	22.6	5.9	900T	1,510
	-71F	22.6	6.1		1,168
	-71H				
FGM-77	-77A	10.9	2.5	330	744
	-77B	12.2	2.5	600	744
AGM-114	-114A	45	8		1,630
	-114B/C	45	8		1,630
	-114F	45	8		1,630
	-114K	45	9	T	1,630
	-114L	49	9	T	1,780
	-114M	49			1,800
	-114N	48			1,630
	-114P	49		T	1,800
	-114R	49		T	1,800
FGM-148		11.8	8.4	800T	1,080
FGM-172	-172A	6.4			705
	-172B	6.4			705
AGM-176		20	5.9		

◎誘導方式の略記号　WMCLOS：有線式手動指令照準線一致誘導、RMCLOS：(無線式)手動指令照準線一致誘導、
WSACLOS：有線式半自動指令照準線一致誘導、RSACLOS：(無線式)半自動指令照準線一致誘導、
WACLOS：有線式自動指令照準線一致誘導、IRSACLOS：赤外線通信式半自動指令照準線一致誘導、
SALH：セミアクティヴ・レーザー・ホーミング、LBR：レーザー・ビーム・ライディング、TV：テレビ誘導、
ARH：アクティヴ・レーダー・ホーミング、IIRH：赤外線画像誘導、PLOS：予測照準線一致誘導

最大/最小射程[m]	速度 [km/h]	誘導方式	プラットフォーム			
			携行	車輌	戦車砲	航空機
2,000 / 600	400	WMCLOS		○		
3,300 / 300	800	RMCLOS		○		
2,500 / -	540	WMCLOS		○	○	○
3,000 / 500	430	WMCLOS	○			
2,000 / 70	860	WSACLOS	○	○		
4,000 / 75	1,000	WSACLOS	○	○		
		WSACLOS	○	○		
4,000 / 100	1,400					
		RSACLOS			○	
5,000 / 400	1,400					
6,000 / 400	2,000	RSACLOS				○
8,000 / -						
5,000 / 400	1,400					
6,000 / 400	2,000	RSACLOS		○		
8,000 / -						
1,000 / 40	800	WSACLOS	○	○		
1,500 / 80	720	WSACLOS	○	○		
2,000 / 80	720	WSACLOS	○	○		
5,500 / 100	1,350	LBR			○	
5,000 / 100	1,000	LBR			○	
5,000 / 75	1,000					
10,000 / -	2,200	LBR				○
5,000 / 400	1,400	WACLOS+LBR		○		
6,000 / 400	2,000	RSACLOS		○		
8,000 / -						
5,500 / 100		LBR	○	○		
2,000 / 730	1,200	IRSACLOS			○	
3,000 / -						
27,000 / -	1,150	TV				
27,000 / -	1,150	IIRH				○
27,000 / -	1,150	TV				
3,000 / 65	1,000					
3,750 / 65	1,000					
3,750 / 65	1,000					
3,750 / 65	1,000	WSACLOS	○	○		
3,750 / 65	1,000					
4,500 / 200	1,000					
4,200 / 65	1,000					
1,000 / -	320	WSACLOS	○			
1,000 / -	320					
8,000 / -	1,600	SALH				
8,000 / -	1,600	SALH				
8,000 / -	1,600	SALH				
11,000 / -	1,600	SALH				
8,000 / -	1,600	ARH				○
11,000 / -	1,600	SALH				
11,000 / -	1,600	SALH				
11,000 / -	1,600	SALH				
11,000 / -	1,600	SALH				
2,500 / -		IIRH	○			
600 / 17	900	PLOS	○			
600 / 17	900					
20,000 / -		IN+GPS+SALH				○

空対地兵装 搭載機対応表

■空対地ミサイル(ソ連邦/ロシア)

	Kh-66	Kh-23	Kh-25	Kh-25ML	Kh-25MR	Kh-29L	Kh-29T	Kh-59	Kh-59M	Kh-59M2	Kh-15	Kh-15A/S	Kh-22PSI	9-S-7760	Grom-1
MiG-21PFM以降	○														
MiG-23		○													
-23B		○													
-23BK		○	○												
-23BN				○	○										
-23BM				○											
-23UB		○													
MiG-27M		○	○	○	○	○	○								
-27K				○		○	○								
-27D			○	○		○	○								
MiG-29K									○	○					
-29M				○		○	○								
-29SM						○	○								
MiG-31K														○	
Su-17M1		○													
-17M2		○	○	○	○	○									
-17M3		○	○	○	○	○									
-17M4			○	○		○	○								
Su-22M1		○													
Su-24M		○	○	○	○	○	○	○	○						
-24M2										○					
Su-25			○	○		○	○								
-25T				○		○	○								
Su-27M						○	○								
Su-30MK								○	○	○					
Su-34				○		○	○		○						○
Su-35				○		○	○								○
Yak-38		○													
Yak-141				○											
Tu-22K													○		
-22M													○		
-22M3											○	○			
-22M3M														○	
Tu-95K-22													○		
-95MC											○	○			
Tu-160											○	○			

■空対地ミサイル（アメリカ合衆国）

	AGM-12	AGM-65A	-65D	-65E	-65F	AGM-69	AGM-84E	AGM-130	AGM-131A	-131B	AGM-142	AGM-154	AGM-158	AGM-176	AGM-183
A-4	○														
A-5	○														
A-6	○						○								
A-7E					○										
AV-8B			○									○			
A-10		○	○												
A-29														○	
F-4	○														
F-8E	○														
F-14												○			
F-15E		○	○							○		○	○		○
F-16A/B		○	○												
F-16C/D		○	○									○	○		
F-18				○	○		○					○	○		
F-35												○			
F-100	○														
F-105	○														
F-111F								○							
F-117												○	○		
FB-111						○									
B-52G						○									
B-52H						○						○	○		○
B-1B						○			○			○	○		○
B-2												○	○		
B-21													○		
S-3B							○								
P-3C	○						○								
AC-130J														○	
AC-130W														○	
KC-130J														○	
KC-130W														○	
V-22														○	
MQ-1														○	
MQ-9														○	

空対地兵装 搭載機対応表

■誘導爆弾（アメリカ）

	GBU-10	GBU-12	GBU-15	GBU-16	GBU-22	GBU-24/B	-24A/B	-24B/B	-24E/B	-24G/B
A-4		○		○						
A-6	○	○		○						
A-7	○	○		○						
AV-8B		○		○		○	○	○		
A-10				○						
A-29										
F-4	○	○	○	○						
F-5	○	○		○						
F-14	○	○		○		○	○	○	○	
F-15A〜D	○			○						
F-15E	○	○	○	○		○	○	○		
F-16					○	○	○	○		
F-18	○	○		○		○	○	○	○	○
F-35										
F-111	○		○	○		○	○	○		
F-117	○									
B-52H			○							
B-1B										
B-2										
B-21										
S-3										
AC-130J										
AC-130W										
KC-130J										
MC-130E										
MC-130H										
MQ-5										
MQ-9										

GBU-27/B	-27A/B	GBU-28A/B	-28B/B	-28C/B	GBU-31/-32/-35/-38/-54	GBU-37	GBU-39	GBU-43	GBU-44	GBU-53	GBU-57	B-61Mod12
					○							
					○		○					
					○							
					○							
○												
○	○	○	○	○	○		○			○		○
○	○				○		○					○
					○					○		○
					○		○			○		○
○	○	○			○							
		○			○		○					○
○					○		○					○
			○	○	○	○	○				○	○
											○	○
					○							
							○					
							○		○			
									○			
								○				
								○				
									○			
					○							

■誘導爆弾(ソ連邦／ロシア)

	KAB-250	KAB-500Kr	-500OD	-500L/S	KAB-1500TK	-1500Kr	-1500LG	Grom-E2
Su-24M		○	○	○	○		○	
Su-25T		○						
Su-27M		○	○					
Su-30		○	○					
Su-34	○	○	○	○	○	○	○	○
Su-35	○	○	○	○		○	○	○
Su-39		○						
Su-75	○	○	○	○				○
MiG-27K		○	○	○				
MiG-29K		○						
-29M		○						
MiG-35	○	○	○	○				

あとがき

　本書の校了の日が迫ってきた、そのとき、イランが、イスラエルに対して200発もの弾道弾を撃ち込みました。それに対してイスラエル側は、同国の誇る防空ミサイルシステムで迎え撃ちました。このニュースを聞いて、著者は急いで「イスラエルの防空システム」について追記し、編集さんにお願いして、第3章に無理にねじ込んでもらいました。

　軍事趣味者には、「戦闘機や戦車に人が乗り込んで戦う、『人と人との闘い』こそが漢らしい」と思い込んでいる人が多いのですが、この戦いにはそれらは登場せず、ミサイルとミサイルの戦いという、まさに「21世紀の戦い」といった様相を呈していました。

　現代に生きる我々は、電子機器に囲まれ、今やそれなしでは片時も暮らしていけないような生活を送っています。そしてその電子化の波は軍事の世界をも飲み込んでしまい、本書で取り扱ったような内容を理解することが不可欠になってしまいました。軍人の方々だけでなく、それらのニュースを見聞きする我々一般人のほうも、それらの知識があれば、より深く理解できるようになります。本書がその一助となれば幸いです。

　そのような現状にも拘わらず、日本にはそのミサイルの原理について書かれた書籍がほとんどないのが実状でした。ですから著者は本書を世に送り出すことにしたのです。本来であれば、弾道弾・対潜ミサイル・魚雷・誘導砲弾や、露米以外の国の誘導兵器についても載せるべきでしたが、多くの方々に手にしていただける「手軽な」書籍とするために、これらを泣く泣く割愛しました。そこはご了承下さい。

　本書を出版するに当たり、著者のこだわりを尊重してくださった編集者の綾部さん、素敵なイラストで本書をとてもわかりやすくしてくださったイラストレイターのヒライユキオさん、EM-Chinさん、フレンドリーで美しい装幀に仕上げてくださったディザイナーのエストールさんと村上さん、そしてなによりも、本書を手にしてくださった読者のみなさんに、深く感謝の意を述べさせていただきます。

　ありがとうございました。

多田　将

著者●

多田 将

京都大学理学研究科博士課程修了、理学博士
高エネルギー加速器研究機構 素粒子原子核研究所 准教授
主な著書に『弾道弾』『核兵器』『放射線について考えよう。』(明幸堂)、『ミリタリーテクノロジーの物理学〈核兵器〉』(イースト・プレス)、『ソヴィエト超兵器のテクノロジー 戦車・装甲車編』『ソヴィエト超兵器のテクノロジー 航空機・防空兵器編』(イカロス出版)、『ソヴィエト連邦の超兵器 戦略兵器編』(ホビージャパン)などがある。

イラストレーター●

ヒライユキオ (特記以外)
EM-chin (131、198ページ)

装丁 ● (株)エストール
本文デザイン ● 村上千津子
編集 ● 浅井太輔

ミサイルはなぜ当たるのか
~誘導兵器のテクノロジー~

2024年10月30日 初版第1刷発行

著　　者	多田 将	
発　行　人	山手章弘	
発　行　所	イカロス出版株式会社	
	〒101-0051 東京都千代田区神田神保町1-105	
	contact@ikaros.jp(内容に関するお問合せ)	
	sales@ikaros.co.jp(乱丁・落丁、書店・取次様からのお問合せ)	
印刷・製本	日経印刷株式会社	

乱丁・落丁はお取り替えいたします。
本書の無断転載・複写は、著作権上の例外を除き、著作権侵害となります。
定価はカバーに表示してあります。
©2024 Sho Tada All rights reserved.
Printed in Japan　ISBN 978-4-8022-1514-5